Was macht die Digitalisierung mit den Hochsch

Marko Demantowsky, Gerhard Lauer,
Robin Schmidt, Bert te Wildt (Hrsg.)

Was macht die Digitalisierung mit den Hochschulen?

Einwürfe und Provokationen

De Gruyter
Oldenbourg

Wir danken der Gerda Henkel Stiftung (Düsseldorf), dem Stifterverband für die
deutsche Wissenschaft (Essen), der Artemed-Klinikgruppe (Tutzing) und der
Pädagogischen Hochschule FHNW (Basel/Brugg-Windisch) für die großzügige
Finanzierung der *Dießener Klausur Mensch | Maschine | Zukunft 2019* und damit auch für
die Ermöglichung dieses Buches.

ISBN 978-3-11-099253-3
e-ISBN (PDF) 978-3-11-067326-5
e-ISBN (EPUB) 978-3-11-067331-9
DOI https://doi.org/10.1515/9783110673265

Library of Congress Control Number: 2020908022

Bibliografische Information der Deutschen Nationalbibliothek

Die Deutsche Nationalbibliothek verzeichnet diese Publikation in der Deutschen
Nationalbibliografie; detaillierte bibliografische Daten sind im Internet
über http://dnb.dnb.de abrufbar.

© 2022 Marko Demantkowsky, Gerhard Lauer, Robin Schmidt, Bert te Wildt,
publiziert von Walter de Gruyter GmbH, Berlin/Boston
Dieser Band ist text- und seitenidentisch mit der 2020 erschienenen gebundenen Ausgabe.
Dieses Buch ist als Open-Access-Publikation verfügbar über www.degruyter.com.
Umschlagabbildung: Screenshot aus «Lucid Trips» © Sara Lisa Vogl
Druck und buchbinderische Verarbeitung: CPI books GmbH, Leck

www.degruyter.com

Inhalt

Björn Klein, Marko Demantowsky, Gerhard Lauer, Robin
Schmidt, Bert te Wildt

Einleitung

Nicht ums Wahrsagen war es uns zu tun, im Mai 2019, so wie wir uns in
kleiner Gruppe versammelt hatten, am Ammersee, für ein langes Wochenende. Der Zweck der Versammlung war allerdings doch, für die eine
oder den anderen, als wir, die Veranstalter, eingeladen hatten, etwas
obskur. Denn um die Zukunft sollte es den Versammelten schon gehen
und jeder Spötter weiß, was man sich einhandelt, wenn man Eingeladenen sagt, es solle um die Zukunft gehen. Dass unserem Ruf doch die
meisten der Eingeladenen gefolgt sind, das hängt vielleicht mit dem
zusammen, was man neudeutsch so gerne *Framing* nennt, also mit der
Rahmung des Treffens. Die Idee war, es wie die Helden des Altertums zu
machen, die Zukunft also anknüpfend ans Vergangene erspähen zu
wollen, deshalb in ein uraltes Kloster eines Augustiner Chorherrenstifts zu
gehen, das nach der Säkularisation dann den Dominikanerinnen, dann
den Vinzentinerinnen gehört hatte, und jetzt: eine Psychosomatische
Klinik beherbergt. Immer wieder war aus dem Bestehenden und genau an
diesem besonderen Ort mit sicherem Blick über den See weit ins Land
hinaus etwas Neues entstanden, hatte sich Zukunft geöffnet, war Unerwartetes geschehen, hatten Menschen immer wieder Sinn und Erfüllung und Zuwendung erfahren. Das konnte also auch für uns und unsere
Frage: die Zukunft der Hochschulen in der digitalen Transformation, ein
guter Ort sein. Die Expertinnen und Experten kamen jedenfalls an diesen
kleinen verwunschenen und idyllischen Ort, nahmen lange beschwer-
liche Reisen auf sich, fuhren über den See, ließen ihren Alltag zurück;
unsere Versammlung wurde so erst möglich. Und dann sind da noch die
unserem elektronischen Alltag so fernen Menschen des Altertums … auch
Digital- und Hochschulfachleuten ist es eine vertraute Erholung, sich mit
deren Dichtung und Denken zu unterhalten. Und es lag daher nahe,
einmal zu fragen, was die Alten taten, wenn sie vor gegenwärtigen
Problemen standen, die Zukunft dunkel geworden war, Rat teuer wurde.
Nun, auch Sie versammelten sich an geweihten Orten zu einer Zeit der
wiedererwachenden Natur, und blickten dort ins Alte, Abgetane, Tote.
Die Zukunftsschau aus dem Toten, dem Geopferten, die Hieroskopie,
sollte den Blick ins Ungewisse öffnen, in dieser paradoxen Bewegung
erhoffte man sich, die Gegenwart und den Alltag zu überlisten.

Ähnlich wie im hieroskopischen Ritual bemühten auch wir uns um einen wohldurchdachten und detailliert erklügelten Ablauf, besahen genau und aus der Nähe die Körper und ihre Wunden in der prallen, barocken Klosterkirche, ließen uns von dem Klang ihrer Orgel entrücken. Ob dieser Versuch, die Alten nachahmend, im Alten und Toten das Neue zu sehen, gelungen ist, darauf gibt dieser Band 16 verschiedene Antworten. Selbst so unkalkulierbar, enttäuschend und überraschend wie das Urteil der Seher, aber vielleicht auch ebenso im Ganzen unterhaltsam, anregend und anstoßend.

Im Traidcasten des ehemaligen Augustiner Chorherrenstifts und der nachfolgenden Vizentinerinnen und Dominikanerinnen fand der öffentliche Teil der Dießener Klausur 2019 statt. Hier wurde das von der Erde getragene und hart erarbeitete Korn gespeichert, um so als Grundnahrungsmittel oder Viehfutter den Mönchen und Nonnen über die Jahrhunderte hinweg zu dienen. Viele Traidkästen sind heute immer noch lebenswichtige Orte, ihre Aufgaben haben sich aber vielfach verändert, teilweise sind sie nach wie vor Speicherorte anderer Art, zum Beispiel als Bibliotheken. In Dießen dient er als Kultur- und Begegnungszentrum und ist somit auch ein Speicher menschlicher Zusammenkünfte und des Austauschs. Weiterhin ein lebenswichtiger Ort. Sara Lisa Vogl, Teilnehmerin der Klausur, Programmiererin virtueller planetarischer Traum- und Zukunftswelten, hat der interessierten Öffentlichkeit und den Mitteilnehmenden im Auftaktvortrag des öffentlichen Klausurteils von ihr ersonnene Welten vorgestellt. *Lucid Trips* – luzide Ausflüge –, so der Titel eines ihrer programmierten Virtual Reality Spiele, konnte in kleinen Séparées am Auftakttag und während der folgenden Klausurtage gespielt werden. Ein aus diesem Programm festgehaltener Screenshot, diente uns für diesen Band als Cover und kann auf das alte Trägermedium Buch eingebrannt nur bedingt vermitteln, was in der Spielebranche schon seit längerem möglich ist. Spielerisch wie auf dem Cover angedeutet sich durch die gegenwärtigen und realen Traumwelten mit den eigenen, programmiert-erweiterten Händen den Weg zu bahnen, diese Leichtigkeit in fremden Welten sich zu bewegen, würde man auch manchmal dem hochgradig und starr-bürokratisierten Apparat der institutionell verankerten Universitäten und Hochschulen wünschen.

Also, die Hieroskopie angereichert um die Spiel- und Denkweisen der Gegenwart, bahnte den Auftakt in den produktiven Austausch, um sich in wiederum anderer Form zu verständigen. Diese Spiel- und Denkweisen waren auch Teil der zu Vogls Vortrag nachfolgenden Podiumsdiskussion, der zehnten Ausgabe von *#gts7000 – Der Geschichtstalk*, in dem es diesmal um „Gamification – Zukunftsversprechen oder Risiko?" ging. Drei Teilnehmende der Klausur, Kathrin Passig, Bert te Wildt und Linda Breitlauch, diskutierten mit den Moderatoren Marko Demantowsky und Georgios Chatzoudis, von L.I.S.A., dem Wissenschaftsportal der Gerda-Henkel-Stiftung, über die Auswirkungen des Einzugs von Spiellogiken in vermeintlich spielfreie Bereiche des Lebens. Das Video ist auf dem *YouTube*-Channel des Talks frei verfügbar.

Mit diesem offenen und öffentlichen Abend und den dort aufscheinenden Blitzlichtern ging es in den nächsten beiden Tagen für die Teilnehmenden in die kreativen Werkstätten, in die *Ateliers*, die als Orte für das Kennenlernen von Persönlichkeiten und Ideen und für das gemeinsame Nachdenken und eben den Austausch über die digitale Zukunft unserer Kultur und Gesellschaft dienten. Um dergestalt Denkroutinen zu verlassen, wurden kleine Gruppen aus den zwanzig Teilnehmenden zufällig kombiniert und von den Tagungsleitenden moderiert, um so die wichtigen Aspekte der digitalen Zukunft fokussiert auf die Hochschule zu besprechen, zu durchdenken und zu notieren.

Im *Atelier Gestalten und Spielen* ging Gerhard Lauer von dem Topos aus, dass die Digitalisierung mit einer geistigen und kulturellen Verarmung einhergehe: Von Digital Demenz oder vom Ende des Buchs ist vielfach die Rede. Algorithmen übernehmen das Kommando auch in der Kultur, wenn AI-Systeme Musik komponieren und Bilder malen, die bei YouTube ihre Fans finden und bei Christie's gehandelt werden. Was bleibt von den kreativen Fähigkeiten übrig angesichts von Deep Learning und den Versuchen, generelle Intelligenz maschinell nachzuahmen?

Tatsächlich ist die Sachlage komplizierter. Es werden mehr Bücher denn je gedruckt. Museen können sich vor Besuchern kaum retten und selbst Brettspiele finden mehr Käufer als jemals zuvor. Offensichtlich stehen sich nicht einfach digitale und analoge Kultur gegenüber. Eher ist die Digitalisierung die Umwelt gerade auch für die analoge Kultur. Sie scheint Prozesse der Individualisierung wie der Heterogenisierung der Kultur voranzutreiben, die älter sind als das Aufkommen von Computer und Internet. Historiker wie Thomas Nipperdey haben schon mit Blick auf das 19. Jahrhundert von der Ästhetisierung als der anderen Seite der Verbürgerlichung der Gesellschaft gesprochen.

Das berührt den Auftrag und das Selbstverständnis auch der Hochschulen. Sind sie noch der Freiraum für Kreativität und Innovation oder sind Google und Amazon längst schon die Orte, wo das Neue gedacht und entwickelt wird? Nicht wenige spekulieren, dass es nur noch eine

Frage der Zeit sei, bis Universitäten, wie wir sie kannten, von Plattform-Hochschulen abgelöst werden, die sich den Weltmarkt für Bildung aufteilen werden. In welchem Umfang gehören Digital Skills oder gar die Befähigung im Umgang mit Machine Learning und Deep Learning zum Bildungsauftrag der Hochschulen? Sind Serious Games ein lohnender Weg, um spielend etwa die Geschichte des Alten Ägyptens zu lernen oder schicken wir unsere Kinder wie die Silicon Valley-Elite besser in den anthroposophischen Kindergarten?

Wie verhalten sich spezialisierte Expertise und allgemeiner Bildungsanspruch in Universitäten und Hochschulen, wenn die Komplexität der digitalen Entwicklungen so rasant zunimmt, dass eine Vermittlung kaum noch möglich erscheint?

Das Atelier stellte die Aufgabe zu überlegen, wie sich unsere Vorstellungen von Gestalten und Spielen als menschliche Grundfähigkeiten verändern oder gerade auch nicht verändern sollten, wenn alles digital zu werden scheint und das mit Blick auf Universitäten und Hochschulen, die vielleicht morgen schon ganz andere als die uns vertrauten Institutionen sein können.

Auch das *Atelier Wachsen und Gedeihen*, von Bert te Wildt moderiert, ging von dem Leitgedanken aus, dass die digitale Revolution die existenzielle Frage an Medizin und Psychotherapie stellt, was den Menschen an Leib und Seele überhaupt ausmacht: Anders gefragt, was bleibt vom Menschen bestenfalls übrig, wenn sich im Zuge der entscheidenden Disruption die von ihm geschaffene künstliche Intelligenz und Robotik seiner bemächtigt haben? Und was bedeutet dann überhaupt noch Gesundheit?

Auch jenseits der Heilkunden hat sich ein zunehmend an Ressourcen und Resilienzen orientierter Gesundheitsbegriff durchgesetzt. Für unsere Frage bedeutet dies zu klären, welche Fähigkeiten Menschen noch in sich ausbilden und entwickeln sollten, um unabhängig und autonom gesund sein zu können. Welche körperlichen, sinnlichen, emotionalen und kognitiven Backups braucht es, die uns auch dann noch am Leben halten, wenn alle digitalen und elektrischen Netze zusammenbrechen oder in die falschen Hände geraten.

Aus der Perspektive des Digitalisierungsimpulses erscheint der Mensch vor allem als defizitäres Wesen, dessen Lernfähigkeit an seine Grenzen gestoßen und dessen Morbidität und Mortalität nicht zu akzeptieren ist. Mit digitalen Psychoprothesen wie Smartphones und robotischen Erweiterungen könnten wir zu Cyborgs werden, deren menschlicher Kern zu verschwinden droht. Behinderungen auszuglei-

wie SAP wurden und werden ständig neue Programme und Anwendungen in den Betrieb eingeführt, sodass auch hier die technologische Ungleichzeitigkeit des Gleichzeitigen technische Administratoren und beauftragte technikferne Anwendende immer weiter in die Komplexität hineintreibt. In der Wissenschaftskommunikation vollzieht man den disruptiv schnellen Wandel öffentlicher Kommunikation mit notgedrungen immer größerer Latenz nach. Das Ältere verfügt dabei jeweils über erstaunliche und widerständige Dauer im Hochschulbetrieb, nicht zuletzt deshalb, weil viele der sehr unterschiedlichen Akteurinnen und Akteure der exponentiellen Beschleunigung der Digitalisierung andauernde und kulturell nachvollziehbare Resilienz entgegenbringen. Die erheblichen Anpassungsaufwände der ersten zwanzig Jahre fordern ihren Tribut.

Dazu treten objektivierbare Beschwerdegründe der Wissenschaftlerinnen und Wissenschaftler, insofern viele früher, im analogen Zeitalter, von administrativen Fachkräften auszuführenden Arbeiten seit gut zwanzig Jahren qua granulierender Anpassung der Aufgaben, ihrer Beschleunigung und der Echtzeitdokumentation ihrer Erledigung, kurz: ihrer Digitalisierung, auf die leitenden Hochschullehrerinnen und -lehrer zwecks Personalkostenersparnis verlagert worden sind. Dieses sieht sich dadurch, so verbreitete Wahrnehmungen, von seinem eigentlichen Qualifikations- und Arbeitsfeld abgezogen zu solchen Arbeiten, die entsprechende Fachleute schneller, besser, zuverlässiger erledigen könnten. Messbarer Kostenersparnis in den Personalverwaltungen steht eine unsichtbare Vergeudung von Ressourcen beim wissenschaftlichen Personal gegenüber.

Es ist für die Vision einer Hochschule der Zukunft also wichtig, darüber neu nachzudenken, wie die Technologien ihres Betriebs in einem digitalen Zeitalter materiell beschaffen sein müssen, um in der Hochschule von allen Akteuren als hilfreich und erleichternd verstanden werden zu können. Man denke dabei vor allem an das in seiner diffusen Massenhaftigkeit längst dysfunktional gewordene System der E-Mail, damit verbunden auch das PDF etc. Zugleich steht die Frage, wie man das heterogene Hochschulpersonal noch einmal neu und besser auf das Abenteuer einer umfassenden Digitalisierung einstimmt und davon überzeugt, sich aktiv und gestaltend an diesem Prozess zu beteiligen.

Neben diesen internen Herausforderungen einer Neuerfindung des Hochschulbetriebs unter den Bedingungen seiner umfassenden Digitalisierung, deren Bewältigung als Wünschbarkeit erscheinen mag, erhält die Situation aber dadurch eine enorme Dringlichkeit, dass externe kommerzielle Anbieter von Wissen und Zertifikaten mit Verve auf den Bildungsmarkt drängen. Dabei handelt es sich um global verankerte digitale Plattformbetreibende, die zu den relevanten technologischen Innovatoren unserer Zeit gehören. Deren technologische Lösungen für die oben beschriebenen Probleme könnten sich als so ausgereift und marktkompetitiv erweisen, dass den tradierten Hochschulen ein ernsthafter Konkurrent in ihrem Kerngeschäft erwachsen möchte. Wie sieht also eine kluge und für alle effektive Organisation und Administration in der digitalen Hochschule der Zukunft aus?

Das waren die Ausgangslagen und Settings für diese vier Ateliers, die alle Teilnehmenden im Zeitgefäß von jeweils einer Dreiviertelstunde zu durchlaufen hatten und in denen die Freiheit des Gedankenaustausches oberstes Gebot war. Die Ideen und Diskussionen, wurden von den Teilnehmenden in den für die Klausurzeit zur Verfügung gestellten kleinen Notizbüchern festgehalten und finden sich in be- und überarbeiteter Form hier im Folgenden wieder. So wie der freie Gedankenaustausch oberstes Gebot während der Klausur war, sollten auch die Beiträge in diesem Sammelband keinen gedanklichen und – außer der Länge – formalen Bedingungen unterliegen. Daher finden wir hier Beiträge in Listenform, kollaborativ geschriebene, als Plädoyer, oder thesenhaft verfasste, aus aktivistischer, journalistischer, hochschuldidaktischer, oder auch aus Praxis- und Programmiersicht formulierte Beiträge wieder, die so unterschiedlich sind wie die Vorstellungen von der digitalen Transformation, aber eben aus diesem Grunde wichtige Einwürfe und Provokationen in die gegenwärtige und zukünftige Debatte liefern. Der Band wird begleitet von während der Klausurzeit entstandenen Grafiken, Fotos, Notizen und Illustrationen der Teilnehmenden.

Angelika Beranek fragt sich, was der allseits bemühte Begriff der sogenannten digitalen Revolution und die damit einhergehende Durchdringung des Alltags und der Kultur für die Hochschullandschaft bedeutet und plädiert für eine umfassende Medienbildung, die den Nachwuchs auf die gegenwärtigen und zukünftigen digitalisierten Arbeits- und Lebenswelten angemessen vorbereitet. Von der demokratisierenden Idee des Internets eines John Perry Barlow, über die ‚Kalifornische Ideologie‘ schlägt sie einen Bogen zur digitalen Kompetenzvermittlung an Hochschulen, die im Zuge dieser gravierenden zeithistorischen Veränderungen eingefordert wird.

Christoph Kappes und *Kathrin Passig* haben 14 leicht fassliche Ratschläge zur Zukunft der Hochschule verfasst, die sie in einem gegenüberstellenden – wenn man so möchte – binären Schlagabtausch durchdeklinieren und so die Bandbreite einer digitalen Zukunft auffächern. Aus dieser kurzweiligen und kritischen Ausgangsposition exemplifizieren sie Fragen, Hypothesen und Vorschläge, die die analog erworbenen Wissensbestände mitdenken um Zukünftiges zu imaginieren.

Ein Plädoyer darüber, wie man (nicht) über die Digitalisierung sprechen sollte, legt *Thomas Grob* vor. Er beschreibt den disruptiven Prozess der Digitalisierung als ein *déjà vu* explosiver Dynamiken, in dem literarische und filmische Science-Fiction-Reminiszenzen auftauchen, die für Historikerinnen und Historiker bekannte Verflechtungen von Neuerungen und Kontinuitäten offenbaren, um hierdurch den oft nicht reflektierten Linearisierungen der Zukunfts- und Trendforschung etwas entgegenzusetzen. Als Beispiel zieht Grob die (digitale) Zukunft der Bibliothek heran und die Notwendigkeit von Skalierungen und Kontingenzen, die der gegenwärtige Hype der Digitalisierung mit sich bringt.

Robin Schmidts Essay über post-digitale Bildung setzt sich mit der gefühlten Selbstverständlichkeit des Digitalen auseinander, welche nur noch bei Abwesenheit und Fehlfunktion eine lebensweltliche Präsenz offenbart. In einer Annäherung an die Begriffsschöpfung des Post-Digitalen, in der sich unter anderem diese Selbstverständlichkeit ausdrückt, grenzt Schmidt den Begriff vom philosophischen Begriff der Postmoderne nach Lyotard ab und setzt ihn einen spekulativen und fruchtbaren Bezug zur gegenwärtigen Bildung und zum Bildungswesen.

Das Misstrauen gegenüber einer Politik der Zahl und der damit verbundenen vermeintlichen Unmöglichkeit, Subjektivitäten nur erzählen, aber nicht zählen zu können, bildet den Ausgangsfokus von *Ute Kalenders* Gedanken zum Konnex Digitalisierung und Bildung. Kalender fokussiert die Fantasien von der Digitalisierung vorgängiger Bildungssubjekte und von Praktiken des digitalen Detoxens und setzt beides in Relation zu politischen und ästhetischen Praxen der Gegenwart.

Gerhard Lauer fragt, ob es überhaupt digitales Lernen gibt, wenn von Plato über den Nürnberger Trichter bis zu Skinners automatisiertem Lehrer zumeist konventionalisierte Argumente die Diskussion um Nützlichkeit von Schrift, Bücher, Filme oder Sprachlabors bestimmen. Als Argument führt Lauer an, dass digitales Lernen ausgehen muss von der Psychologie des Lernens und den sozialen Prozessen dieses Lernens in der digitalen (Lern-)Welt.

Auf verschiedene Mensch-Maschine Konstellationen und Aussagen von den Teilnehmenden der Dießener Klausur bezieht sich *Jürgen Hermes*, um dergestalt Überlegungen zur Hochschule der Zukunft zu exemplifizieren. Anhand dieser Vorüberlegungen hält Hermes ein Plädoyer für Interdisziplinarität und Dynamik in der Schaffung neuer und in der Anpassung bestehender Institutionen, für ein Konzept der Open Science und für eine Offenheit im Sinne einer Kommunikation des Unfertigen.

Marina Weisband greift ein zentrales Moment der Dießener Klausur auf: Wenn über die ‚Digitalisierung von X' gesprochen wird, wird augenscheinlich und eigentlich über X an sich gesprochen. Sie sieht einen Konflikt zwischen dem Wesen der Institution Hochschule und der Natur der Digitalität und fokussiert über letzteres die Räume und Strukturen, in denen Lernen und Lehre stattfinden.

*Bert te Wildt*s Überlegungen und zehn Thesen, gehen von der Grundannahme aus, dass die Hochschulen bei der digitalen Revolution eine tragende Rolle einnehmen sollten, da sie die beste Expertise bieten, Tradiertes und Innovatives in produktive Dissonanz und Resonanz zu bringen.

Auch der nachfolgende Essay von *Dejan Mihajlović* sieht in der Hochschule eine tragende Säule der Gesellschaft. Mihajlović verdeutlicht über eine Begriffsbestimmung und Unterscheidung zwischen der Digitalen Transformation und der digitalisierten Automatisierung, dass erstere kein Add-on im Bildungswesen sein kann und dass es darüber hinaus der Schaffung neuer Räume offline und online bedarf, die wiederum von einer Offenheit für diverse Zugänge zu Informationen geprägt sein müssen.

Monika Stiller Thoms geht in ihrem Essay zur ‚Social-Media-Hochschule' von Akzeptanz und Versiertheit der Kinder und Jugendlichen in Bezug auf digitale Inhalte und Formate aus, die nicht zwischen digitaler und analoger Realität unterscheiden. Thoms zeigt aus praktischer Sicht, dass Lehrpersonen nicht auf die Hochschulen warten (können) und wie sie ihre individuelle Weiterbildung schon selbst in die Hand nehmen.

Angelika Beranek

Ist das Digitalisierung oder kann das weg?

Die Einladung zur Dießener Klausur warf die Frage auf, wie „eine Hochschule der Zukunft aussehen könnte und wie sich die Universitäten inhaltlich und strukturell transformieren müssen, um im besten Sinne ihrer Zeit voraus zu sein und eine menschliche Avantgarde zu bilden, die für Forschung und Lehre die wirklich wichtigen Fragen und Antworten generiert."

In dieser Frage steckt mehr, als auf den ersten Blick zu erahnen ist. Sie enthält nämlich bereits eine Antwort darauf, warum sich Hochschulen überhaupt inhaltlich und strukturell transformieren sollten. Die Aufgabe, die den Hochschulen zugeschrieben wird, ist keine geringe.

Ohne dass es in der Frage explizit erwähnt wird, ist sofort klar, es geht vor allem um die Auswirkungen der digitalen Revolution, die hier bedeutsam sind. Nicht nur in den Medien, sondern auch in wissenschaftlichen Arbeiten wird immer wieder vom „digitalen Zeitalter" gesprochen und dass wir uns in einem größeren Umbruch befinden als dem, den die Industrielle Revolution im späten 18. Jahrhundert bis zur zweiten Hälfte des 19. Jahrhunderts ausgelöst hat. Doch was soll eine digitale Revolution überhaupt sein? Unter Digitalisierung versteht man zunächst einmal das einfache Umwandeln von analogen Werten wie Daten in Form von Zahlen oder Buchstaben in digitale Formate. Einschlägiger für das, was in der Regel gemeint wird, ist der Begriff der Mediatisierung nach Friedrich Krotz. Hierbei geht es um die zunehmende Durchdringung des Alltags und der Kultur durch Medienkommunikation und die damit verbundenen Wandlungsprozesse auf gesellschaftlicher Ebene. Diese Wandlungsprozesse sind viel wichtiger als die jeweiligen neuen Medien selbst. Wie Marshall McLuhan bereits 1964 erkannte, ist das Medium die Botschaft. Er illustrierte dies am Beispiel des Automobils: Würde man sich nur das Auto als solches ansehen, würde man wenig über dieses erfahren. Die Veränderungen im Städtebau, im Alltagsleben und in der Industrie hingegen, sind die eigentlichen Botschaften des Mediums. Aktuell dringen viele neue, teilweise disruptive Technologien auf den Markt und verändern unser Leben grundlegend.

Eine Reaktion auf diese Veränderungen finden wir auch in der Hochschullandschaft.

Es wird fleißig digitalisiert, vor allem im Bereich der MINT-Fächer. Das Ziel dieser Bemühungen? (Aus-)Gründung von Tech Startups, das Erreichen hochdotierter Jobs und damit verbunden Kapitalvermehrung. Ob dies die Studierenden zu einer menschlichen Avantgarde bildet, die die wichtigen Fragen (und Antworten) stellen kann, ist zu bezweifeln. Befragt man eine bedeutende Suchmaschine nach den Schlagwörtern „Hochschule + Digitalisierung" ergibt die Suche zunächst einmal eine Vielzahl an gesponserten Fortbildungsangeboten. Unter dem Titel „Innovationen lernen" oder „Digital Transformieren lernen" versprechen diese, dem Nutzer innerhalb weniger Wochen eine ertragreiche Zusatzqualifikation. Eben dieser Grundtenor schwingt auch in den restlichen Suchergebnissen mit: Es geht um eine ausreichende Qualifizierung für den Arbeitsmarkt, um eine Lösung des Fachkräftemangels und eine Lösung für die unzureichende digitale Qualifikation der Studierenden. Erläutert, worum es sich bei dieser ominösen digitalen Qualifikation eigentlich handelt, wird dies in der Regel nicht.

Die Kultusministerkonferenz hat 2019 Empfehlungen zur Digitalisierung in der Hochschullehre erarbeitet und verabschiedet. Vielleicht findet sich hier eine Antwort:

Die Hochschulleitung stellt sicher, dass die Digitalisierung der Hochschullehre in der strategischen Gesamtentwicklung der Hochschule auf allen Ebenen verankert ist.

Die Hochschule schafft die organisatorischen, personellen und finanziellen Voraussetzungen zur Durchführung und Unterstützung der Lehre in der digitalen Welt.

Die Hochschulen nutzen die Chancen der Digitalisierung konsequent zur hochschulübergreifenden Unterstützung und Weiterentwicklung der Lehre.

Die Hochschule stellt die Information, den Austausch und die Vernetzung der Lehrenden zur Weiterentwicklung digitaler Lehre sicher.

Die Lehrenden tauschen sich in ihren Fachdisziplinen zum Einsatz digitaler Medien aus und entwickeln geeignete Konzepte zur curricularen Integration digitaler Elemente in die Lehre und neuer digitaler Lern- und Lehrformate.

Die Hochschuldidaktik entwickelt forschungsbasierte und praxisorientierte Angebote für die digitale Gestaltung der Lehre und Konzepte zu deren Umsetzung.

Mit der Akkreditierung von Studiengängen wird sichergestellt, dass digitale Kompetenz curricular in den Studiengängen angemessen verankert ist.

Die Hochschulen ermöglichen durch Festlegung von Standards und Aufbau entsprechender Schnittstellen die datenschutzkonforme digitale Übermittlung von Studierendendaten zwischen Hochschulen.

gitale Bildung' der Gesellschaft für Informatik gefordert werden, stellen wichtige (Aus-)Bildungspunkte dar. Die entscheidende Frage ist hierbei die, wie wir leben wollen. Es geht zurück zu den Grundfragen der Menschheit und der Frage nach einem ‚guten Leben'. Wir haben durch die aktuelle Revolution die Chance, dies neu zu verhandeln. Roboter können unliebsame Arbeit übernehmen, so dass wir wieder ganz Mensch sein können. Wir können Antworten auf Fragen finden, die wir nie gestellt haben (mit Hilfe von KI und Big Data) und wir können unser Gesellschaftssystem neu strukturieren, partizipativer und gerechter gestalten.

Doch dazu kommt es wohl nicht. Die Hoffnungen, die sich z. B. in der Unabhängigkeitserklärung des Cyberspace 1996 von John Perry Barlow wiederfinden, sind weitestgehend gestorben. Damals schrieb er:

> Regierungen der industriellen Welt, Ihr müden Giganten aus Fleisch und Stahl, ich komme aus dem Cyberspace, der neuen Heimat des Geistes. Im Namen der Zukunft bitte ich Euch, Vertreter einer vergangenen Zeit: Laßt uns in Ruhe! Ihr seid bei uns nicht willkommen. Wo wir uns versammeln, besitzt Ihr keine Macht mehr.
>
> Wir besitzen keine gewählte Regierung, und wir werden wohl auch nie eine bekommen – und so wende ich mich mit keiner größeren Autorität an Euch als der, mit der die Freiheit selber spricht. Ich erkläre den globalen sozialen Raum, den wir errichten, als gänzlich unabhängig von der Tyrannei, die Ihr über uns auszuüben anstrebt. Ihr habt hier kein moralisches Recht zu regieren noch besitzt Ihr Methoden, es zu erzwingen, die wir zu befürchten hätten.
>
> Regierungen leiten Ihre gerechte Macht von der Zustimmung der Regierten ab. Unsere habt Ihr nicht erbeten, geschweige denn erhalten. Wir haben Euch nicht eingeladen. Ihr kennt weder uns noch unsere Welt. Der Cyberspace liegt nicht innerhalb Eurer Hoheitsgebiete. Glaubt nicht, Ihr könntet ihn gestalten, als wäre er ein öffentliches Projekt. Ihr könnt es nicht. Der Cyberspace ist ein natürliches Gebilde und wächst durch unsere kollektiven Handlungen.

Was aus dieser einst so demokratisierenden Idee des Internets geworden ist, sehen wir heute. Viel präsenter als die Heilsversprechen sind die negativen Seiten des Netzes. Fake News, Wahlmanipulation, Datensammlung und Auswertung durch Konzerne und Strafverfolgungsbehörden, Cybermobbing, Cybergrooming, hoher Ressourcenverbrauch, prekäre Arbeitsverhältnisse z. B. in Form von Plattformarbeit und virtuelle Gewalt, sind nur ein paar der negativen Aspekte, die das Internet hervorbringt bzw. fördert. Dabei wirken die digitalen Strukturen wie ein Katalysator für all die negativen aber auch positiven Ideen der Menschen. Regierungen versuchen deshalb den virtuellen Raum mit allen Mitteln zu regulieren und zu überwachen, oft auch unter Missachtung von Menschenrechten. Große Digital-Konzerne setzen sich über geltendes Recht (Steuern, Arbeitsschutz...) hinweg, ohne hierfür ausreichend belangt zu werden. Trotz allem hat das Internet, und vor allem das mobile Netz unser Leben und Lernen tiefgreifend, auch positiv, verändert. Der Zugriff auf Informationen und die globale Vernetzung sind nur zwei der unzähligen Vorteile, die die Digitalisierung geschaffen hat. Schaut man in die Zukunft, erwarten uns mit Künstlicher Intelligenz und der vorhergesagten technischen Singularität 2045 neue Revolutionen unseres Lebens. Unter dem Schlagwort ,Posthumanismus' sind eine ganze Reihe von Ideen zu finden, was uns zukünftig erwarten könnte. Der Posthumanismus umfasst drei mögliche Pfade der Weiterentwicklung: genetische Eingriffe, digitale Körperteile und Nanoroboter sowie den ,Upload' des Bewusstseins ins Netz. Posthumanisten begreifen den Körper als austauschbare Hardware, unser Bewusstsein hingegen ist die Software, die auch auf unsterblicher Hardware laufen kann. Sie versprechen nichts weniger als ewiges Leben.

Doch soweit in die Zukunft muss man gar nicht schauen. Welchen Weg die Entwicklung auf technischer und gesellschaftlicher Ebene nehmen wird, bleibt in weiten Teilen unvorhersehbar.

2

Widmen wir uns also wieder der Gegenwart, den aktuellen Ideen und (Technik-)Narrativen, die einem täglich begegnen, da diese die Auffassung der Digitalisierung durch die breite Bevölkerung maßgeblich beeinflussen. Große Technikkonzerne wie Amazon, Apple oder Google dringen massiv in die Bildungslandschaft ein und verändern diese. Sie verkaufen den Traum von Freiheit und Aufstieg für jeden. Ganz der kalifornischen Ideologie folgend, die eben nicht eine punktuelle Veränderung unseres Alltags beschreibt, sondern einen Umbau aller Lebensbereiche zum Besseren verspricht. Sie verbindet ganzheitliches Denken, Technikdeterminismus und Wirtschaftsliberalismus zu einem Projekt. Die Narration dieser Bewegung bedient sich der Ikonen des Widerstandes: Steve Dekorte vergleicht z.B. die Missachtung von Gesetzen durch Uber mit der Übertretung rassistischer Gesetze durch die Bürgerrechtlerin Rosa Parks. Informationstechnologien, so diese Ideologie, vergrößerten die Macht des Individuums, verstärkten die persönliche Freiheit und reduzierten radikal die Macht des Nationalstaates.

Bestehende gesellschaftliche, politische und staatliche Machtstrukturen würden, so die Erzählung, zugunsten von unbeschränkten Interaktionen zwischen autonomen Individuen und ihrer Software verschwinden.

Auf der anderen Seite finden wir viele technikpessimistische Ansätze. Hier werden Smartphones als Kommunikationskiller und Computerspiele als Suchtmittel oder Auslöser von Gewaltakten dargestellt. Die Skepsis gegenüber Neuem ist groß und natürlich nicht ganz von der Hand zu weisen; sicherlich hat die Technik ihre Schattenseiten. Doch umso wichtiger ist es, sich mit ihr zu beschäftigen.

Der Soziologe Armin Nassehi berichtet in seinem neuen Buch *Muster: Theorie der digitalen Gesellschaft* davon, dass der Kapitalismus und die Digitalisierung eine Welt geschaffen haben, die es notwendig macht, sie anders begreifbar zu machen. Die Antwort auf dieses begreifbar machen ist wiederum digital. Nassehi geht davon aus, dass es uns Unbehagen bereitet, wenn digitale Techniken bzw. Datenauswertungen uns durchschauen und beispielsweise unser Kaufverhalten vorhersagen können. Dass neue Technik erst einmal Ablehnung hervorruft, ist nichts Neues. Die Geschichte zeigt uns unzählige Beispiele. So beklagte schon Platon im Dialog *Phaidros* das Aufkommen der Schrift: „Denn im Vertrauen auf die Schrift werden sie (die Menschen) ihre Erinnerungen mithilfe geborgter Formen von außen heranholen, nicht von innen aus sich herausziehen; so dass sie sich vielwissend dünken werden, obwohl sie größtenteils unwissend sind, und schwierig im Umgang sein, weil sie scheinweise geworden sind statt weise."

Die Digitalisierung im Hochschulwesen folgt aktuell vor allem dem Narrativ der zuvor erwähnten Kalifornischen Ideologie. Wichtig wäre jedoch, eine eigene Narration für die Bildung zu entwickeln. Benötigt wird ein Framing des digitalen Wandels: Digitaler Wandel braucht eine gute Geschichte, um greifbar und erlebbar zu werden, jenseits des ‚reinen' Kapitalismus. Diese müssen wir aber selbst erzählen. Digitalisierung muss in die Hand genommen, erzählt und auch gesteuert werden.

„Digitalisierung ist kein Tsunami", sagte eine Teilnehmerin der Klausur. Sie ist steuerbar. Doch in diesem Fall ist die Steuerung dieser Prozesse alles andere als trivial. Ist ein Transformationsprozess, bei dem alle mitgenommen werden, überhaupt möglich? Aktuell liegt das Voranbringen der digitalen Kompetenzen – was auch immer das sein mag – an den Hochschulen in den Händen weniger engagierter Personen. Diese werden zudem häufig von der Industrie abgeworben und verlassen die Lehre. Ist es also eine Lösung, von oben herab zu bestimmen, dass digitale Kompetenzen jetzt von allen für alle gelehrt werden müssen?

Sicherlich ist dies der falsche Weg. Die neue Digitalkultur ist ja eigentlich geprägt von einem basisdemokratischen Gedanken und einer Sharing Economy. Eine Top-Down Steuerung widerspräche dieser Kultur, die etabliert werden soll. Zu glauben, dass die Zeit dieses Problem von selbst löst, ist naiv. Immer noch hält sich der Mythos der Digital Natives, die dieses Digitale doch verstehen. Wir müssten nur lange genug warten und schon würden unsere Hochschulen von kompetenten jungen Menschen bevölkert, die es nicht mehr nötig hätten, dazuzulernen. Die Lehrenden könnten sogar dann von diesen lernen. Leider liegen zwischen dem Bedienen eines digitalen Gerätes und dem Verstehen eines solchen Welten. Gemeinsames Erschließen dieses Verstehens, im Sinne eines kooperativen Unterrichts, bzw. durch Projektarbeit, ist sicherlich sinnvoll. Doch auf die automatische Kompetenz der jungen Generation zu vertrauen, ist sinnlos.

3

So schließt sich der Kreis, und die Frage der Kompetenzvermittlung, die an den Hochschulen geschehen soll, liegt wieder auf dem Tisch. Für die Studierenden und die Lehrenden. Die Lehrenden sollen zu Lernbegleitenden werden. Doch hierfür benötigen diese Kompetenzen. Auf Seiten der Lehrenden wären zeitliche Freiräume für die eigene Fortbildung wünschenswert. Es ist nicht notwendig, dass alle Lehrenden programmieren können, aber einen Einblick in die Bedeutsamkeit von Algorithmen für unser Leben, die Möglichkeiten der Digitalisierung (in die gute und die bedrohliche Richtung) und damit verbunden die Entwicklung einer eigenen Haltung sollte grundsätzlich für jede und jeden möglich sein.

Die Frage nach „digitalen Kompetenzen", die dann die Studierenden erwerben sollen, kann vielleicht am besten mit Hilfe des ‚DigComp2.1' beantwortet werden. Im *Digital Competence Framework for Citizens* der Eurpäischen Union werden fünf Kompetenzbereiche beschrieben: *Information and data literacy*, *Communication and collaboration*, *Digital content creation*, *Safety* und *Problem solving*. Verbunden mit ethischem Handwerkszeug können diese Kompetenzen dafür sorgen, dass mündige Bürger unsere Hochschulen verlassen. Doch ob es soweit kommt, Hochschulen unabhängig bleiben und ihre eigene Agenda behalten, die nicht nur von ökonomischen Interessen getrieben wird, oder ob große Technikfirmen die Geschicke der Hochschulen leiten, ist noch nicht ausgemacht. Privatisierung von Forschungsinstituten, Digital-Labore, die von Technikfirmen gesponsert werden, und von der Industrie finanzierte Forschung auch in nicht technischen Fächern, sind kritisch zu betrachten. Wer nicht gestaltet, wird gestaltet. Die Hochschulen müssen in vielen Bereichen aufhören, Digitalisierung zu erleiden und endlich selbst aktiv werden.

Wenn ich jetzt noch wüsste wie, hätte ich keine Zeit mehr, diesen Text zu schreiben, weil ich dann Digitalisierung schon aktiv gestalten würde. Doch eines kann Jede und Jeder tun: Die Ziele der Transformationsprozesse kritisch betrachten und prüfen, ob diese tatsächlich zu dem beitragen, was gesellschaftlich sinnvoll ist. Hierbei gibt es sicherlich nicht die eine Antwort, doch zu hinterfragen, mit welchem Ziel etwas geschieht und nicht unreflektiert die Narrative der Wirtschaft zu übernehmen, ist schon ein Anfang. Eventuell gelingt es dann, „eine menschliche Avantgarde (zu) bilden, die (…) die wirklich wichtigen Fragen und Antworten generiert"!

Christoph Kappes, Kathrin Passig

Einfach alles richtig machen: 14 leicht fassliche Ratschläge zur Zukunft der Hochschule

1 – Über das Weglassen reden

Wir können nicht nur darüber reden, was alles zusätzlich zum Bisherigen getan werden müsste. Wir müssen auch darüber reden, was zum Ausgleich wegfallen soll. Das ist unbeliebt und wird deshalb gern vermieden. Aber Zeit, Aufmerksamkeit, Geld und Stellen sind begrenzt. Alle Mitarbeitenden wissen das und sträuben sich deshalb zu Recht gegen neue Aufgaben, die nicht durch den Wegfall von alten Aufgaben kompensiert werden.

1 – Über das Weglassen schweigen

Änderungen sind unbeliebt. Etwas Neues einführen *und* etwas Altes weglassen sind schon zwei Änderungen. Damit wird der Vorgang doppelt so schwierig. Besser ist es, das Alte stillschweigend unter den Tisch fallen oder langsam und möglichst unbemerkt aussterben zu lassen. Je weniger man darüber spricht, desto besser.

2 – Innovationen im Untergrund vorbereiten

Aus dem gleichen Grund, aus dem man über das Weglassen des Alten besser schweigt, bewahrt man über die Einführung des Neuen so lange wie möglich Schweigen. Dominik Born hat am Beispiel des Schweizer Rundfunks und Fernsehens SRF über Guerilla-Innovation in konservativen Organisationen gesprochen (Born o. J.) und geschrieben: Man muss sich entscheiden, ob man ein Gremium haben möchte oder ein Projekt. Wenn Neues gegen die Veränderungswiderstände in etablierten Organisationen eine Chance haben soll, muss es zunächst einmal im Untergrund gedeihen dürfen.

2 – Bei Innovationen alle mitnehmen

Wer grundsätzlich allen Beteiligten eine Abneigung gegen Veränderungen unterstellt, der unterschätzt sie. Das Vorhandene ist ja auch nicht immer erfreulich oder einfach. An vielen Stellen herrscht erheblicher Leidensdruck, und die Leidtragenden des bisherigen Verfahrens sind deshalb grundsätzlich veränderungsbereit. Diese Bereitschaft mag etwas abgenutzt sein durch vorangegangene Veränderungen, bei denen die Unzufriedenen nicht befragt wurden. Aber sobald jemand echtes Interesse an ihren Wünschen zeigt, werden sie neue Lösungen akzeptieren, wenn nicht sogar freudig begrüßen.

3 – Ohne Institutionen denken

Große Medienwechsel haben die Ordnung von Gesellschaften verändert und dabei auch vor Institutionen wie z. B. der Kirche nicht Halt gemacht. Digitale Wissensorganisation und auch Wissensvermittlung/-erwerb wird mittelfristig ebenfalls Institutionen fundamental verändern: Bedenkt man allein den gegenwärtigen Technologieschub bei Hilfsmitteln für die Zusammenarbeit (Boards wie miroboard, neue Videotools auf Basis von WebRTC, VirtualVR bei Facebook, kaum umgehbare Testverfahren wie Examity) und denkt man das 20 Jahre weiter, wird der physische Raum keine große Rolle spielen. Genauer: die Beteiligten entscheiden selbst über Raum und Zeitspannen, Hochschule wird eine ubiquitäre soziale Praxis, die also nicht an einen bestimmten Ort gebunden ist. Am besten denkt man, wenn man über Jahrzehnte spekuliert, gleich ohne Institutionen und nur über verfestigte soziale (Interaktions-)Praxen nach.

3 – Mit Institutionen denken

Einzelne Hochschulen sind zwar verschwunden, die Institution Hochschule ist aber – verglichen mit anderen Institutionen – über fast 800 Jahre erstaunlich stabil geblieben. Es gibt auch heute keine ‚Grüne Wiese‘; wir können das System nicht ganz neu entwerfen, sondern müssen von der existierenden Institutionen-Landschaft aus denken. Fakultätsgremien, Professoren und Bibliotheken werden ja nicht überflüssig. Und denkt man funktional, dann fand das soziale System Hochschule auch immer schon zu Hause statt, wenn man ein wissenschaftliches Buch las, oder in einem Café, in dem sich die studentische Arbeitsgruppe traf. Auf jeden Fall werden Leistungsmessverfahren gebraucht, die zur Vergleichbarkeit einheitlich sein und koordiniert umgesetzt werden müssen. Und denkt man an andere ,Outputs' der Bildungsinstitutionen jenseits der Prüfungsbescheinigungen, beispielsweise an Diskurstechniken, soziale Umgangsformen oder ein Netz beruflicher Kontakte und privater Freundschaften, so bedarf es hierzu ebenso gewisser Strukturen und Organisationsgrenzen.

4 – Hochschulen für die Welt öffnen

Wissen wird ein Leben lang gebraucht, und seine Notwendigkeit stellt sich in einer Welt im Wandel immer mehr erst in Kontexten heraus. Was die Gesellschaft braucht, ist eine Adresse, die man befragen kann, um verlässlich Wissen zu erhalten – oder wenigstens Wissen über gute Quellen. Es kann nicht sein, dass sich die Gesellschaft auf Google verlassen muss, ein Unternehmen, das das Wissen nach kommerziellen, tagesaktuellen und sogar qualitätsfremden Kriterien organisiert (Domainalter, soziale Signale, Ladezeiten, aktuelle Kontexte) und auch von Unterhaltungsformaten, z. B. satirischen Texten oder Talkshows, nicht trennt. Hochschulen sollten sich als Wissensquellen verstehen, die jedermann befragen kann. Wir brauchen eine Art Bildungsbutton im Browser, der uns mit Hochschulwissen verbindet. Hochschulen sollten sich auch als Institution verstehen, die Medienakteure durch den Expertendschungel navigiert, so dass Journalismus und Öffentlichkeit von ihrem Wissen stärker profitieren.

4 – Hochschulen von der Welt trennen

Trotz aller Bemühungen um Durchlässigkeit: Hochschulen müssen von ihrer Umwelt strukturell getrennt sein. Zum einen erheben sie den Anspruch, alles Handeln nach wissenschaftsspezifischen Kriterien von Wahrheit und Richtigkeit auszurichten. Je mehr sie dem Einfluss von Geld oder Macht von außen unterliegen oder wissenschaftsfremde Aufgaben übernehmen, umso eher wird dieser Zweck gefährdet. Auch eine wirklich offene Denk- und Diskussionskultur entsteht eher dort, wo nicht andere Zwecke als die gemeinsame Wahrheitssuche das Geschehen überlagern (Hochschule als geschützter Raum auch im Sinne einer idealen Sprechaktsituation nach Jürgen Habermas). Zum zweiten dienen Hochschulen nicht nur der Wissensvermittlung, sondern helfen auch, soziale Beziehungen zwischen späteren Akademikern zu stärken, die man nicht nur negativ als Seilschaften sehen kann, sondern die zur Weiterentwicklung von Wissen und Rollen sinnvoll sind. Eventuell ist hier auch trotz aller berechtigten Forderung nach Partizipation und sozialer Barrierefreiheit eine gewisse Kultur- und Milieubildung hilfreich, ein Zivilisierungsprozess etwa zum Aushalten unterschiedlicher Positionen.

5 – Neue Rollen entwickeln

Die Evolution macht auch vor Hochschulen nicht halt. Es werden sich daher neue, speziellere Rollen entwickeln. Beispielsweise Kuratoren, die Wissen zusammenstellen. Oder hochspezialisierte Wissenslotsen, die man anrufen oder mit denen man chatten kann, wenn man eine Frage hat. Vielleicht wird das eine Aufgabe der Bibliotheken, die sich nicht mehr nur auf die Konservierung und Pflege von Wissen und entsprechenden Dokumenten konzentrieren.

5 – Neue Rollen den anderen überlassen

Es gibt keinen Grund, warum diese neuen Rollen ausgerechnet in den vorhandenen Institutionen entstehen oder dort besonders gut aufgehoben sein sollen. Die Stärken der Institutionen liegen dort, wo es um Raum (für Lehre, für den Zugang zu Lernmaterialien etc.) und um Dauerhaftigkeit geht. Diese Vorteile sind mit einem hohen Preis in Form von Kosten, Inflexibilität und Bürokratie verbunden und für neue Kuratier- oder Lotsentätigkeiten im Umgang mit Wissen nicht relevant.

6 – Die Allmende der Gesellschaft pflegen

In vielen Bereichen der Gesellschaft wird Wissen gepflegt, beispielsweise in der politischen Bildung, in Schulen, in der Wikipedia. Hochschullehrer sollten sich als Wissensgärtner*innen verstehen, die diese Wissensplätze pflegen. Dazu gehört beispielsweise die offizielle Aufgabe, auch Wikipedia-Einträge zu pflegen und aktuell zu halten. Wikipedia-Pflege soll nicht nur Hobby Einzelner am Wochenende sein.

Digitale Inhalte können leicht verbreitet und mehrfach eingesetzt werden. Hochschulen könnten daher ihre Inhalte vielen Stellen zur Verfügung stellen oder mit anderen Organisationen bestimmte Wissensfelder erschließbarer machen. Schon jetzt finden sich allerhand Vortragsvideos auf *YouTube*, Skripte und Vorlesungsmitschriften im Internet. An der Systematisierung und Qualitätssicherung dieser Inhalte könnten sich Hochschulen beteiligen. Zum Beispiel bei einer „Wikiversity", deren Kurse oben rechts auf jeder Seite abrufbar sind, die aber zugleich auch an anderen Orten bereitgestellt werden. Wenn wir von Internet als „Daseinsvorsorge" sprechen, meinen wir nicht Kabel, sondern Inhalte.

6 – Nicht zum Dienstleister für die Projekte anderer werden

Das System Wikipedia setzt auf Ortlosigkeit, Offenheit, Schnelligkeit, Flexibilität und Personenunabhängigkeit. Das System Hochschule ist in jeder Hinsicht das Gegenteil davon. Beide Systeme haben ihre Vor- und Nachteile. Zu den Vorteilen des Hochschulsystems gehört seine Dauerhaftigkeit. Immerhin existiert es, anders als die Wikipedia, schon ziemlich lange und erfolgreich. Diese Dauerhaftigkeit bringt es mit sich, dass Hochschulen nicht alle von außen an sie herangetragenen Veränderungswünsche sofort umsetzen können und dürfen. Die Wikipedia hat sich aus gutem Grund außerhalb der Hochschulen und unabhängig von ihnen entwickelt. Die beiden Systeme ergänzen sich, sind aber fundamental inkompatibel und der Versuch, sie enger zusammenzuführen, gliche dem Versuch, einen Walfisch mit einem Kolibri zu kreuzen.

7 – Gemeinsame, ungestörte Anwesenheit ermöglichen

„Lernen ist Beziehungsarbeit, und vieles kann man über digitale Medien nicht kommunizieren", sagte Marina Weisband auf der Dießener Klausur. Dass die Universität Anwesenheit fördert und zum Teil verlangt, ist eine Hilfestellung, die sie erbringt und die von den Studierenden geschätzt wird. Abgesehen von den sozialen Lernvorgängen hat die Forderung oder zumindest soziale Erwartung der Anwesenheit die Funktion einer Selbstverpflichtung. Das ist im Übrigen auch einer der wesentlichen Gründe, warum Tagungen existieren: Man muss nur ein einziges Mal beschließen, dem Tagungsthema seine Konzentration zu schenken, und nicht alle drei Minuten wieder.

7 – Gemeinsame, ungestörte Anwesenheit nicht überschätzen

Es gibt auch digitale Formen der Präsenz und der Aufmerksamkeit. Sie sehen nur anders aus als die gewohnten. Dass sich manches schlechter oder gar nicht kommunizieren lässt, wenn die Gesprächspartner nicht körperlich anwesend sind, hat nicht nur Nachteile. Lernen und Lehren am gemeinsamen Ort bevorzugt diejenigen mit ausgeprägterem Selbstbewusstsein, mündlichen Ausdrucksfähigkeiten, unproblematischer Körperselbstwahrnehmung sowie diejenigen, die es sich (finanziell, organisatorisch, geographisch) leisten können, über längere Zeiträume vor Ort zu sein (Passig 2018). Selbstverpflichtungen können auch ohne Anwesenheit am selben Ort eingegangen werden, indem man Termine für die Zusammenarbeit verabredet.

8 – Mehr handeln

Die Hochschulen dürfen nicht immer nur über die Digitalisierung reden, sie müssen handeln. Sie dürfen die Entwicklung von Software für Zusammenarbeit, Recherche und akademisches Veröffentlichen nicht kommerziellen Anbietern überlassen, deren Interessen keineswegs deckungsgleich mit denen der Hochschulen sind. Neben der Interessenlage spricht vor allem auch die didaktisch-inhaltliche Kompetenz der Hochschulen dafür, dass hier bessere Software erstellt werden kann, welche die Lernkommunikation gewissermaßen formatiert. Wo erfolgreiche Softwarewerkzeuge in Hochschulen entstehen, tun sie es derzeit meistens als Nebenprojekte von Mitarbeitenden, die für etwas ganz anderes bezahlt werden. Es müssen in großem Umfang Möglichkeiten geschaffen werden, solche Projekte und die dazugehörigen Stellen zu fördern und zu finanzieren – und zwar ohne dabei nur eine Fülle von hochschuleigenen Einzellösungen zu produzieren.

8 – Mehr geschehen lassen

Wenn die Hochschulen bei digitalen Angelegenheiten wenigstens nicht andauernd im Weg stünden, wäre schon viel gewonnen. Das fängt bei den Grundlagen an: Es sollte selbstverständlich sein, dass für Gäste ein WLAN-Zugang zur Verfügung steht, der nicht Tage im Voraus schriftlich beantragt werden muss. Alle Räume der Universität müssen mit einer ausreichenden Menge an Steckdosen ausgestattet sein. Das Verbieten der Nutzung gängiger, ausgereifter und benutzerfreundlicher Software in der Lehre unter Berufung auf den Datenschutz und Verweis auf schlechte Eigenlösungen führt lediglich dazu, dass die kommerziellen Lösungen trotzdem, nur eben heimlich eingesetzt werden. Datenschutztechnisch ist damit nichts gewonnen, im Gegenteil. Die IT-Abteilungen der Hochschulen sollten ihre Energie nicht in das Verbieten und Verunmöglichen stecken, sondern in die Bereitstellung von Adapterlösungen – zum Beispiel das Einziehen einer identitätsverschleiernden Zwischenschicht, die den Datenschutz auch bei Nutzung von verbreiteten kommerziellen Lösungen gewährleistet.

9 – Lebenslanges Lernen fördern

Ständiges Lernen wird immer wichtiger: nicht nur nimmt die Halbwertzeit von wissenschaftlichem Wissen ab, es ändert sich auch immer schneller die Umwelt des Wissenschaftssystems, in der Menschen arbeiten. Nun kann die Wissenschaft nicht alle ständig schlau machen, aber die Übergänge zu Wirtschaft (Mitarbeitenden/Selbständigen) und zur politischen Öffentlichkeit hin müssen verbessert werden. Die traditionellen Fachzeitschriften und Kongresse müssen zugänglicher werden. Zudem braucht es eine Art Transferkultur, die in einem kontinuierlichen Prozess ähnliche Haltepunkte wie beim Softwarerelease-Management setzt. Buchauflagen-Nummerierung und langatmige, sequentiell geschriebene Vorworte sind keine Lösung für Update-Probleme. Sind wir vielleicht nicht radikal genug? Wir sparen für die Rente an. Wir sparen für die Gesundheit an. Warum sparen wir nicht auch für Bildung an und erfinden eine Lösung, eine Art von Lern-Sabbatical mit 40, 45 und 50 einzuführen?

9 – Belastung durch ständiges Umlernen reduzieren

Wer lebenslanges Lernen fordert, unterschätzt, wie anstrengend Dazu-
lernen und die Veränderung von Haltungen und Praktiken tatsächlich
sind. Schon Studierende sind damit häufig überfordert, und wenn später
Beruf, Familie und Sorgearbeit hinzukommen, wird es nicht einfacher.
Was fehlt, sind Adapter in Form von Personen, Software, Strategien. Ein
Adapter ermöglicht beiden Seiten, so weiterzumachen wie bisher, ohne
dass die Zusammenarbeit leidet. Ob Deutschland und die Schweiz
wirklich einheitliche Steckdosen brauchen, kann man dann 200 Jahre
später immer noch entscheiden. Wer stattdessen ständige Anpassung an
sich laufend ändernde Anforderungen verlangt, wälzt das Problem auf
Einzelne ab, weil das billiger und leichter ist, als eine Adapterlösung zu
etablieren.

10 – Sprechen und Verstehen lehren

Diskussionen auf Social Media zeigen, dass neue Öffentlichkeit gelernt
werden muss: Was gibt man erregt weiter, wo schweigt man, wie setzt
man seine Ressourcen richtig ein? Wie interpretiert man, wenn man mit
weniger Kontext und Vorverständnis aufeinanderstößt? Wie erkennt
man eigene Vorurteile und wie geht man damit um? Was ist überhaupt
ein Argument, was ein logischer Fehler, wie kann etwas überhaupt wahr
oder richtig sein oder wenigstens weitgehend Konsens werden? Wie geht
man versöhnlich auseinander, ohne Differenzen zu kaschieren?

Hochschule kann weit mehr als heute der Ort sein, an dem man gute
Diskursführung lernt, und sei es nur die Integration von Debattierformaten oder Probehandeln in spielerischem Rahmen. Dabei legt sich,
bildhaft gesprochen, auf das Dokument eine zweite Ebene von Diskurs.
Diese Diskursebene wird auch nicht weniger notwendig, wenn Doku-
mente zu digitalen Artefakten werden.

10 – Schreiben und Verstehen lehren

Mündliche Diskussionen haben eine lange Tradition (und verlaufen
trotzdem oft unbefriedigend). Schriftliche Diskussionen, die sich
schneller entwickeln als eine Abfolge gedruckter Texte, gibt es erst seit
etwa fünfzig Jahren. In mancher Hinsicht folgen sie den gleichen Ge-

setzen wie mündliche, in mancher Hinsicht aber auch nicht. Sie sind nicht nur ein Ersatz für Situationen, in denen keine mündliche Debatte möglich ist, sondern eine eigene Kulturtechnik. Die dafür benötigten Fähigkeiten lassen sich nicht in mündlichen, sondern nur in schriftlichen Debattierformaten erwerben. Bisher vernachlässigen Hochschulen die Vermittlung dieser Fähigkeiten.

Es geht dabei nicht darum, schriftliche und mündliche Fähigkeiten bei Allen gleich gut auszubilden. Die individuellen Präferenzen sind unterschiedlich. Die traditionelle Lehre berücksichtigt das stellenweise auch bereits – man kann sich wahlweise die Vorlesung anhören, Texte lesen oder beides tun. Was fehlt, ist die Förderung schriftlicher Austauschformate. Das bedeutet auch, dass Hochschulen die im Netz bereits stattfindenden Debatten in Schriftform ernster nehmen müssen und nicht als unseriöses, wissenschaftlich irrelevantes Hobby abtun sollten. Zwischen der Zeitlupendebatte in wissenschaftlichen Zeitschriften und Podiumsdiskussionen ist noch Platz, den auch die Hochschulen sinnvoll nutzen könnten. Frage und Antwort, These und Gegenthese und jede andere gemeinsame, zeitversetzte und schriftliche Interaktion unter Abwesenden lässt Zeit für Verstehen und Formulieren und entlastet vom unmittelbaren Reaktionszwang der Podiumsdiskussion.

11 – Selbstgesteuertes Lernen fördern

In der Frühzeit der Hochschule war die Vorlesung die praktischste, wenn nicht einzige Möglichkeit, Wissen zu vermitteln. Heute gibt es mehr Möglichkeiten denn je, sich Wissen selbstständig, im individuellen Tempo und mit individuell gesetzten Schwerpunkten anzueignen. Hochschulen werden dadurch keineswegs überflüssig. Durch ihre Rahmenvorgaben können sie helfen, das Selbstlernen unter den Studierenden zu strukturieren (z. B. Lerngruppen je Semester). Sie müssten aber in den Arbeitsabläufen der Lehre mehr Raum für selbstgesteuerte Lernformen schaffen. Die Umstellung z. B. auf Flipped Classroom-Modelle verlangt von den Lehrenden Umdenken und neue Fähigkeiten, und sie ist zunächst zeitaufwändiger. Umso dringender benötigt sie ausdrückliche Förderung durch Geld, Unterstützung und Weiterbildungsmaßnahmen.

11 – Die Grenzen des selbstgesteuerten Lernens im Hochschulkontext erkennen

Der zentrale Aspekt des selbstgesteuerten Lernens besteht darin, dass man sich die Zeit nehmen kann, die man eben braucht. Diese Form des Lernens ist grundsätzlich inkompatibel mit der Hochschule. Solange die Studienzeiten begrenzt und die Prüfungstermine vorgegeben sind, müssen alle in ungefähr der gleichen Zeit einen relativ konkret umrissenen Stoff bearbeiten. Die Hochschulen müssen sich entscheiden, ob sie den Kuchen haben oder ihn aufessen wollen. Beides gleichzeitig geht nicht.

12 – Lehraufgaben an Künstliche Intelligenz delegieren

Alexa und Watson zeigen, dass Künstliche Intelligenz Wissen ordnen und zugänglich machen kann, und das dialogisch. Das ist auch ohne die Elemente Bewusstsein und Kreativität möglich, die man umgangssprachlich mit Intelligenz verbindet. Maschinelle Verfahren strukturieren Dokumenträume, suchen nach Plausibilitätsfehlern, erstellen Zusammenfassungen und stellen diese in verschiedenen Ausgabeformaten bereit, beispielsweise als Sprachfunktion auf dem Schreibtisch oder als Themenregister mit Kontexten (Konkordanz). Denkbar ist auch, dass zwischen Live-Vortrag und Aufzeichnung neue Mischformen entstehen, bei denen maschinelle Agenten inhaltliche Teile beisteuern, z.B. Vorschlagen von oder Vorlesen aus Vertiefungstexten. So werden Lehrende entlastet und Studierende beim Lernen unterstützt.

12 – Künstliche Intelligenz ignorieren

Dass eine technische Neuerung die bisherige Lehre in kurzer Zeit ganz und gar umstrukturieren oder sogar überflüssig machen wird, taucht als Topos mit jeder neuen Technologie wieder auf. Letztlich waren es immer unscheinbare Veränderungen der Alltagstechnik, Infrastruktur oder Hochschulverwaltung, die die Lehre stärker beeinflusst haben als die Einführung von Phonograph, Film, Computer oder Künstlicher Intelligenz. Mit solchen unauffälligen Veränderungen kann man nicht dasselbe mediale Getöse erzeugen wie mit dem Thema ‚Künstliche Intelligenz‘, deshalb erhalten sie in der öffentlichen Diskussion wenig Aufmerksamkeit. Bei der hochschulinternen Diskussion sollte man sich davon nicht leiten lassen.

13 – *Influencer* fördern

Wie heute schon bei Massenmedien zu beobachten, werden Personen wieder wichtiger als bisher, nehmen eine exponiertere Stellung ein und treten so aus der Organisation hervor. Lehrende können die Chance ergreifen, sich durch digitale Medien stärker zu inszenieren. Das geschieht heute schon auf Twitter und scheint Sichtbarkeit und Publikationschancen zumindest in Publikumszeitungen zu erhöhen.

Auf der Beziehungsebene zu Studierenden gehen beide eine Art Bindung auf Zeit ein. Was im Digitalen ‚Follower‘ und ‚Community‘ sind, ist auch heute schon dem Hochschulsystem nicht fremd – man teilt über manche Lehrende Trivia wie über Popstars. Eher sachbezogen tritt das Phänomen seit Jahrhunderten als fachliche Schule auf, etwa der Soziologie. Das Bindeglied sind neue Inhalteformate, beispielsweise Podcasts zu Lehrzwecken oder Streitgespräche in beliebigen Digitalformaten. Das Auseinandertreten von Lehrkraft und Schule führt mit erhöhter Ortsunabhängigkeit möglicherweise zu einer Art Tribalisierung. Dies wirkt der Entpersönlichung in der Hochschule als größerer Organisation entgegen, ermöglicht soziale Mikrostrukturen unter Studenten und Lehrenden und entförmlicht die Kommunikation.

13 – Lehrende unabhängig von ihrer Öffentlichkeitswirksamkeit fördern

Wissenschaft heißt Zusammenarbeit. Wissenschaftsgeschichtsschreibung als Erzählung von heroischen Leistungen Einzelner ist zu Recht aus der Mode gekommen. Die explizite Förderung besonders öffentlichkeitswirksamer Einzelner läuft den Grundprinzipien von Wissenschaft zuwider. Zudem sind viele produktive Wissenschaftlerinnen und Wissenschaftler rhetorisch ausgesprochen unbegabt und für die formale Ödnis ihrer Vorlesungen berüchtigt. Wenn sich die Anforderungen in Richtung öffentliche Unterhaltsamkeit und Video-Kompetenz verschieben, werden Menschen benachteiligt oder verdrängt, deren Beiträge wertvoll für die Hochschullandschaft sind. Wer öffentlichkeitswirksame Lehrende fördern will, sollte zumindest Maßnahmen benennen, um dem entge-

genzuwirken – zum Beispiel die Einrichtung von mehr reinen For-
schungsstellen ohne Lehrverpflichtungen.

14 – Verstehen, dass alles anders wird

Drei Dinge haben sich durch die Digitalisierung grundsätzlich verändert.
Erstens spielt Raum eine völlig andere Rolle: Es kommt weder auf die
Größe eines Hörsaals an noch auf die Größe des Bibliotheksgebäudes oder
die körperliche Anwesenheit anderer Menschen. Zweitens entfällt die
Knappheit der Lehrmittel durch die Möglichkeit des praktisch kosten-
losen Kopierens ohne Qualitätsverlust. Dadurch verändern sich die bisherigen Spielregeln des Zugangs. Und weil dieser Zugang drittens jederzeit durch das Smartphone hergestellt werden kann, müssen Lernen
und Lehren nicht mehr in großen Blöcken stattfinden, sondern zerlegen
sich in kleine und kleinste Einheiten.

14 – Verstehen, dass alles gleichbleibt

Als das Auto neu war, hat man auch nicht zwischen mobiler und sta-
tionärer Welt unterschieden. Der Begriff ‚digital‘ wird meistens als
denkfaule Bezeichnung für ‚irgendwie neu‘ verwendet, während wir es
tatsächlich seit mindestens 200 Jahren, wenn nicht schon immer (Neumann 1958) mit Vorgängen zu tun haben, die digitale wie analoge Anteile
enthalten. Die ersten digitalen Lernprogramme entstanden in den
1960ern. Seitdem hat es immer wieder neue Wellen gegeben, PLATO,
Computer-Based-Training, Lernplattform und Blended Learning sind
Schlagworte der Geschichte digitaler Bildung. Es steht außer Frage, dass
es neben Rückschlägen immer wieder neue, positive Entwicklungen gab,
die grundlegenden Fragen sind jedoch die gleichen geblieben.

Referenzen

Born, Dominik: Als Rebel das eigene Haus verändern. https://www.youtube.
    com/watch?v=njiX-vwISsI [abgerufen: 10. September 2019].
Neumann, John v.: *The Computer and the Brain.* Yale 1958.

Passig, Kathrin: The Trouble With Talking. In: *Merkur* 835 (2018), S. 29–39, Online: https://www.merkur-zeitschrift.de/2018/11/26/the-trouble-with-talking/ [abgerufen: 10. September 2019].

Thomas Grob

Skalierte Kontingenz. Der disruptive Prozess der Digitalisierung und wie man (nicht) darüber sprechen sollte. Ein Plädoyer

> „Aber hier, wie überhaupt,
> Kommt es anders, als man glaubt.“
> Wilhelm Busch, *Plisch und Plum*

1 – Expertinnen und Experten des Disruptiven

Wenn Entwicklungen unter den Verdacht des Disruptiven geraten, dann stellt sich die Frage nach der Expertise, die imstande ist, sie zu beobachten. Denn wenn das Disruptive ernst genommen werden kann (oder muss), dann betrifft es nicht nur das, was geschieht, sondern auch das Wissen darum, erst recht die Einschätzungen seiner Konsequenzen. Bedenkt man zudem den systemtheoretischen Grundsatz mit, dass man sich nicht gleichzeitig innerhalb und außerhalb eines Systems befinden kann – weswegen Systeme sich nur in einem internen Vorgang selbst beobachten können –, dann fragt sich, wie eine solche Beobachterposition eingenommen werden und wie verlässlich sie sein kann. Die Technikgeschichte des 20. Jahrhunderts zeigt drastisch, dass nicht unbedingt die systeminternen Techniker und Technikspezialisten oder -theoretiker dafür zuständig sind, eine Technologie ein- und umzusetzen, ja vermutlich nicht einmal dafür, sie in ihren Folgen zu verstehen. Die teilweise legendären Fehlscheinschätzungen etwa von Chefs technologischer Konzerne (Dirscherl, Fogarty 2019; Passig 2013) wirken später amüsant, entspringen aber einer tiefen Gesetzmäßigkeit. Umso komplizierter ist die Frage, wer faktisch über Umsetzungen entscheidet und Weichen stellt.

Bei der Digitalisierung haben wir es gewissermaßen mit einer Meta-Technologie zu tun, die in momentan zunehmendem Tempo alle technologischen Bereiche und dadurch fast die gesamte Arbeitswelt sowie Alltag, Ausbildung etc. beeinflusst. Der Motor hinter der Entwicklung ist grundlegend ein technologischer, bisher insbesondere die rasante Steigerung der Kapazitäten in der Halbleitertechnik, die allerdings in naher

Zukunft an eine physikalische oder energetische Grenze gelangen könnte; künftig, aber das ist offen, wird diese Rolle vielleicht das Quantum Computing übernehmen. Andererseits trägt dieser Motor offensichtlich auf immer konzentriertere, aber auch unkontrollierbarere Weise ökonomisch-kommerzielle Züge. Wer die Anfänge des Internets erlebte und die damaligen Erwartungen mit der heutigen Situation vergleicht, sieht die Dramatik dieser Verschiebung. Das bedeutet jedoch nicht, dass die ökonomischen Akteure hinter der technologischen Entwicklung die Konsequenzen daraus kontrollieren könnten (auch wenn sie es naturgemäß versuchen mögen).

Disruption kann im Falle der Digitalisierung jedenfalls nicht eine *gesteuerte* Revolution meinen, obwohl sie in vielem die dynamische Struktur einer Revolution aufweist.

Diese vielschichtige Konstellation mit vielen Akteuren macht viele zu zumindest lokalen Experten und öffnet weite Tore für Spekulationen aller Art. Jede Position hängt dabei stark von individuellen Erfahrungen und Absichten ab. In meinem persönlichen Fall betrifft ersteres eine längere Beschäftigung mit systemischen und evolutionären Fragen mit besonderem Fokus auf Kontingenzfragen im kulturellen Bereich. Dass das Material dahinter die Literatur(-geschichte) ist, ist nicht an sich erheblich, sehr wohl aber, dass das besondere Interesse an der v. a. slawischen Science-Fiction hinzukommt (die immerhin den „Roboter" erfunden hat; Čapek 1920). Dass man zudem als Osteuropawissenschaftler Affinitäten zur Beschäftigung mit Revolutionen (politischen wie kulturellen) hat, liegt auf der Hand. Universitäre Zuständigkeiten in den letzten Jahren brachten zudem eine vertiefte Auseinandersetzung mit Fragen der Digitalisierung im Bereich der universitären Lehre mit sich, die Fragen der Investitionen ebenso einschloss wie die Frage, was denn universitäre Bildung im digitalen Zeitalter bedeuten könnte oder müsste. Zu diesen Zuständigkeiten gehört auch eine Mitverantwortung für die Universitätsbibliothek, von der gleich noch die Rede sein wird.

2 – Disruption und *déjà vu*: explosive Dynamiken

Wir müssen die Frage, warum eine anscheinend so disruptive Entwicklung wie die Digitalisierung gerade jetzt von einem enormen Hype begleitet wird, gleichzeitig aber diverse *déjà vus* auslöst, die Jahrzehnte zurückreichen, vielleicht künftigen Historikerinnen und Historikern überlassen. Jedenfalls wecken die gegenwärtigen Entwicklungen durchaus längst in die Jahre gekommene literarische und filmische Science-Fiction-Reminiszenzen (etwa zwischen dem Film *Fantastic Journey* von 1966 und neuen medizinischen Minimal-Robotik-Experimenten der ETH, vgl. Reye 2019), aber auch solche an philosophische KI-Seminare in den Achtzigern, politische Diskussionen über Berufsbilder, noch ältere technologische Zukunftsprognosen, aber eben auch digital gestützte Unterrichtsformen, deren Modelle sich in vielen Jahren nur graduell verändert haben. Einige prägende Elemente sind aber sicher neu und wohl auch unvorhergesehen, so neben der Allpräsenz des Internets und der Vernetzung der Benutzer vor allem die Quantität verfügbarer individueller Daten und die Möglichkeiten ihrer Verwertung.

Für Historiker und Historikerinnen ist die Verflechtung von Neuerungen und Kontinuitäten in revolutionären Entwicklungen keine neue Erkenntnis. Wenn man die Digitalisierung in der heutigen Dynamik tatsächlich als revolutionären Prozess ansieht, dann muss man sich fragen, was das für unsere Möglichkeiten bedeutet, die weitere Entwicklung vorherzusagen, und erst recht, was es für unser Handeln bedeutet, das ja in einem Luhmann variierenden Sinn ebenfalls als Form systemischer Selbstbeobachtung gesehen werden muss.

Wie man Formen der Entwicklungsdynamik als grundsätzliches kulturelles Phänomen verstehen kann, zeigte der russisch-estnische Literatur- und Kultursemiotiker Jurij Lotman (1922–1993) in seinem letzten Buch mit dem Titel *Kultur und Explosion* (1992, deutsch 2010). Lotman skizziert ein bipolares Doppelmodell kultureller Dynamiken: der explosiven, bruchhaften einerseits und der sukzessiven, organischen, evolutiven andererseits (Lotmann 2010, 15 ff. und 21 ff.). Erstere, die wir auch disruptiv nennen könnten – die Übersetzung des Lotmanschen *vzryv* mit Explosion ist nicht ganz präzise, da *vzryv* in einem weiteren Sinne unbeabsichtigte, unkontrollierte, aber heftige Ereignisse auch etwa emotionaler Art meinen kann –, zeichnen sich nach Lotman durch eine besondere Unvorhersehbarkeit der weiteren, umso mehr der längerfristigen Entwicklung für die Beteiligten, etwa durch eine Tendenz zu Bifurkationssituationen, aus. Trotz des idealtypischen Modells zweier entgegengesetzter Pole von Dynamik sieht Lotman aber das sukzessive und das umbruchhafte Progressionsmodell als eng verflochten an; oft gehen sie auch ineinander über. Seine Beispiele stammen im Kern aus der Literatur, decken aber einen viel weiteren Bereich ab und enthalten diskrete, aber unverkennbare Bezüge auf die russische Revolution sowie auf die Umwälzungen nach dem Zusammenbruch der Sowjetunion, in denen das Buch entstand. Unvorhersagbarkeit wurde in beiden historischen Situationen zu einem Kernmerkmal aller gesellschaftlichen Bereiche.

Man kann aus Lotmans Betrachtungen viele Erkenntnisse gewinnen, etwa über gemeinsame Merkmale solcher disruptiven Prozesse. Dazu gehört die Rolle von Sprache und Bedeutung: denn nicht das Materielle selbst bestimmt über die Form des Prozesses, sondern seine kulturelle Verarbeitung, die Form auch des Umgangs mit an sich widersprüchlichen Sinngebungen und Wertezuschreibungen (weshalb hier die Kunst im weitesten Sinn als Ort der Reflexion eine bedeutende Rolle spielen kann). Das wichtigste Element einer Betrachtung liegt m. E. aber in der tendenziellen Maximierung der Kontingenz. Im Prinzip gilt: je disruptiver, explosiver die Entwicklung, desto offener die Optionen und desto unberechenbarer die weitere Entwicklung. Entscheidend ist nicht allein die Geschwindigkeit: Wenn ein Testwagen auf eine Mauer zu- und dann in sie hineinfährt, mag dies in hohem Tempo geschehen und die Situation des Autos grundlegend verändern – es ist aber ein höchst linearer, ja sukzessiver und weitgehend prognostizierbarer (tatsächlich auch geplanter) Prozess. Nicht die Radikalität des Prozesses macht seinen revolutionären Charakter aus, sondern die Tatsache, dass die umwälzenden Folgen eines Prozesses erst in Nachhinein bestimmt werden können. Das trifft tatsächlich auf die Digitalisierung weitgehend zu. Und wenn es nicht möglich ist, zuverlässig zu prognostizieren, so sollte es doch möglich sein, die Unvorhersehbarkeit in die Überlegungen mit einzubeziehen.

3 – Wie die Zukunft der Bibliothek (nicht) aussieht

Bei einer Veranstaltung in Basel zur Zukunft der Universitätsbibliotheken, an dem verschieden involvierte und durchaus einschlägige Personen auf dem Podium beteiligt waren, wurden kürzlich als Illustration der künftigen Bibliothek Bilder projiziert, in der Studierende einzeln in kahlen Räumen vor ihrem Computer sitzen. Es war dann unter anderem von der künftigen Nutzlosigkeit von Präsenzbeständen die Rede, die dem Digitalen und dem On demand-Druck weichen und das Bibliothekspersonal in der jetzigen Funktion weitgehend irrelevant werden lassen würden, oder es wurde behauptet, die Buchausleihe sei eine Sache der Vergangenheit. Schon fast schüchterne Fragen wie diejenige, ob es nicht auch ein Forschungsverlust sei, wenn man immer schon im Voraus wissen müsse, was man benutzen wolle, weil der physische Kontakt zur Sammlung fehle, ging ebenso unter wie fast alle in der Gegenwart relevanten Fakten. Denn die Buchausleihe geht bisher noch keineswegs im erwarteten Maß zurück; die mit der Digitalisierung verbundene Kommerzialisierung stellt die Finanzierung vor enorme Herausforderungen; das Berufsfeld Bibliothek verändert sich eher dadurch, dass ständig neue Aufgaben hinzukommen, als dass etwas wegfallen würde; die qualitative Informationsbeschaffung ist für Studierende trotz scheinbarer Zugänglichkeit allen Wissens eher schwieriger geworden; eine wirklich langfristige Speicherung elektronischer Medien (und erst recht ihre Finanzierung) ist noch längst nicht gesichert und die Form ihres Einsatzes mit den Forschenden nicht geklärt; die Nutzung universitärer Bibliotheken wurde diverser, aber auch intensiver, obwohl man zu so vielen Ressourcen ortsunabhängigen Zugang hat – und vieles in der Art mehr. Das Resultat der Veranstaltung war jedenfalls, wie die anschließende Diskussion zeigte, die völlige Verwirrung des Publikums und wohl bei vielen ein leichtes Gruseln über die kalte Zukunft des papierlosen Bibliothekswesens und den Verlust dessen, was einem eine Bibliothek einmal bedeutet hatte.

Der Grund für diese Verunsicherung liegt aber weniger in der Sache – es gibt gute Gründe anzunehmen, dass die meisten der geäußerten Prognosen sich nie erfüllen werden –, als in der Art und Weise, darüber zu sprechen. So vergaßen die Beitragenden durchwegs zu erwähnen, in welcher Zeitperspektive und welchem Realisierungsgrad sie gerade sprechen, oder darüber, was man eigentlich sinnvollerweise will. Man spricht oft über Digitalisierung, als handle es sich um unausweichliche Dynamiken, die ohne Bedürfnisabklärung und Kontrollmöglichkeit unsererseits über uns hereinbrechen. Persönlich nenne ich dies das Tsunami-Modell der Digitalisierung. Sollte dieses auch nur teilweise der Realität entsprechen, dann wäre die Beunruhigung des Publikums mehr als gerechtfertigt, und die Experten müssten sie teilen und dringend über Evakuierung nachdenken. Das Tsunami-Modell ist als Form der selffulfilling prophecy eine schlechte Arbeitshypothese, und es würde bedeuten, die eigenen Spielräume zu verschenken, weil man nicht an sie glauben mag.

4 – Abduktives Sprechen über das Unvorhersagbare: Skalierung und Kontingenz

Die Lücken in dieser Diskussion haben nicht nur aus faktischen Gründen dazu geführt, dass die Diskussion unter Teilnehmern mit ausgewiesener Expertise in der Verwirrung endete. Sie zeigen grundsätzlichere Aspekte, die weniger die technische Entwicklung an sich betreffen als den Umgang mit ihr und insbesondere die Art, darüber zu sprechen. Phänomen und Diskurs, wenn man das so nennen will, sind hier nicht wirklich zu trennen. Auch das ist ein Element der Disruption, die ein prognostisches Sprechen provoziert, dieses gleichzeitig erschwert und mit einer Maß-nahmendiskussion verbindet, da die Zeitdimensionen ineinander gleiten. Der Diskurs von heute beeinflusst die Entscheidungen und damit (wenn auch auf schwer vorhersagbare Weise) die technologischen Anwen-dungen von morgen. Die prognostische Vorwegnahme möglicher technologischer Entwicklungen ist ein zentrales Element des Diskurses, auch da, wo sie sich später als falsch erweisen mag.

Der eine von zwei solchen Aspekten, die ich hervorheben möchte und die sich nicht ungestraft ignorieren lassen, ist das Problem der Ska-lierung. Digitalisierung ist keine Universaltendenz, die sich in allen Di-mensionen und Aspekten gleich und im selben Tempo zeigen würde. Auch deswegen kann man ihr beispielsweise in der Ausbildung schlecht dadurch beikommen – wie das die Schweizer Politik zu tun versucht –, dass man Programmieren zum Schulfach macht und dabei offenbar auf einen generalisierenden Effekt hofft. Schlüsse vom vermuteten Ge-samtbild auf die einzelne Frage sind hier unzulässig, oder anders gesagt: die vermutete Gesamttendenz kann nur sehr schlecht im Einzelnen prognostisch eingesetzt werden. Selbstverständlich wird die Digitalisie-rung, um auf das Beispiel zurückzukommen, auch das Bibliothekswesen tiefgreifend verändern, so wie es das bereits seit Jahren tut. Nur daraus beispielsweise zu schließen, dass das gedruckte Buch bald aus den Bi-bliotheken verschwinden wird – was vom Nutzungsbedarf, von Tech-nologien, von dauerhaften Speicherfähigkeiten, Kosten und anderem mehr abhängt –, wäre momentan rein spekulativ und nur ideologisch zu begründen.

Schon jetzt sind die Summen, die in den letzten Jahr(zehnt)en für IT im Bildungsbereich ohne oder mit nur bescheidener Wirkung eingesetzt wurden, enorm. Doch erweist sich die Prognose nicht nur des Erfolges neuer, sondern auch des Endes alter Technologien oft als besonders schwierig. Entgegen vieler Prophezeiungen sind weder die mechanischen Uhren mit den digitalen, noch die Armbanduhren insgesamt mit den Mobiltelefonen verschwunden, ebenso wenig wie die Füllfeder nach der Erfindung des Kulis, das Papier aus dem Büro, gedruckte Terminkalender und Notizbücher oder sogar die Schallplatte. Inwiefern das die Bibliotheken betrifft, lässt sich kaum vorhersagen; wir können etwa das Buch als Technologie virtuell simulieren, wir können aber bisher nicht alle seine Eigenschaften ersetzen. Ähnlich schwierig lassen sich Entscheidungen über den künftigen Raumbedarf treffen, auch wenn diese dennoch getroffen werden müssen; dieser Bedarf hängt von kommunikativen Aspekten ebenso ab wie von technischen Möglichkeiten. Klar scheint nur, dass die Nutzungen vielfältiger werden und man Optionen offenhalten bzw. Flexibilität schaffen muss.

Eine Einschätzung des Potenzials von Entwicklungen hängt nicht zuletzt von der Skalierung der Betrachtung ab. Diese Skalierung betrifft die Dimension eines bestimmten Phänomens ebenso wie den zur Diskussion stehenden Zeitraum. Die erwähnte Veranstaltung wäre anders verlaufen, hätten die Teilnehmenden jeweils angeführt, von welchen Zeitperspektiven und in welchen Wahrscheinlichkeitsgraden sie gerade sprechen. Auch die KI-Diskussionen scheinen mir bis heute unter diesem Mangel zu leiden, macht es doch einen bedeutenden Unterschied, ob ich von theoretischen Möglichkeiten oder von der näheren Zukunft spreche. Das Verfahren der Science Fiction, in unbestimmte, nahe wirkende Settings teilweise ferne oder unerreichbare Zukunftsprognosen einzuweben, ist von Stanley Kubricks Klassiker *2001: A Space Odyssey* (1968), der wegen des ziemlich anthropomorph auftretenden Bordcomputers HAL gerade wieder öfter zitiert wird, bis hin zum neuen, gar kontrafaktisch rückprojizierten Androiden-Roman *Machines Like Me* von Ian McEwan (2019) literarisch höchst produktiv. In einer technisch-politischen Diskussion aber wird diese Skalierungsverweigerung zur Faktizität vortäuschenden Unbestimmtheit, die jeden Bezug zur Pragmatik verwirrt.

Der zweite, damit verbundene Punkt ist die bereits angesprochene Frage der Verbindung der Kontingenz mit der (Nicht-)Linearität. Wenn Lotmans These zutrifft, dass gerade die Rasanz und Tiefe der Veränderungen die Kontingenz bezüglich der Zukunft erhöht – und das scheint mir eine gewisse Evidenz zu haben –, dann rächt es sich, diesen Kontingenzfaktor zu missachten. Die Erfahrung der Complex Dynamics-Theorien seit der Chaostheorie der achtziger Jahre zeigt, dass die Verbindung von Selbstbezüglichkeit – die kulturell immer in hohem Maß gegeben ist –, Komplexität und Veränderungsdynamik eigentlich immer nichtlineare Entwicklungen hervorbringt. Die gängigen, oft nicht reflektierten Linearisierungen machen aus der Zukunfts- eine Trendforschung, die sich für alles zuständig hält und munter bisweilen abwegige und meist von allem Kontext isolierte Prognosen mit Ratschlägen für die Gegenwart vermischt (Schmid 2016).

Die viel zitierte, geradezu zur Redewendung erstarrte Beobachtung des Palo Alto-Zukunftsforschers Roy Amara: „We tend to overestimate the effect of a technology in the short run and underestimate the effect in the long run" (Coates, Jarratt 1989, S. 53 und S. 66) stimmt in Bezug auf viele technologische Entwicklungen, etwa die Akzeptanz des GPS-Systems für militärische Zwecke. Das liegt auch daran, dass als Belege meist Beispiele ausgewählt werden, die sich bereits durchgesetzt haben. Zumindest aber wäre diese Regel zu ergänzen mit dem Hinweis, dass man dennoch nicht sagen kann, *wie* sich eine Technologie langfristig durchsetzt (Brooks 2017), und schon gar nicht, was dabei mit den älteren Technologien geschieht, die selten einfach ersetzt werden: Wir überschätzen die kurzfristigen Folgen von Technologien und die Berechenbarkeit der langfristigen. Niemanden hätte in den sechziger Jahren die Behauptung verwundert, in fünfzig Jahren werde aller Kleidung synthetisch hergestellt – und die Nahrung weitgehend auch. Niemand hätte damals aber gedacht, wie synthetische Funktionskleidung heute aussieht, und niemand hätte sich die heutigen Nahrungsdiskussionen vorstellen können, geschweige denn die vegane Welle, die wir gerade erleben.

Der gegenwärtige Hype der Digitalisierung hat, auch wenn er auf realen Entwicklungen beruht, bis in die Politik hinein das Sprechen über die Digitalisierung grundsätzlich verändert, wobei oft versucht wird, Kontingenz durch Handlungsvorschläge auszublenden. Politik und kommerzielle Technologie treffen sich dabei in der Kurzfristigkeit ihrer Interessen; Bildungsinstitutionen müssen bekanntlich anders denken. Doch genau in der Phase, in der durch disruptive Elemente die Kontingenz des Prozesses enorm ansteigt, sinkt die Bereitschaft, sie ins Denken einzubeziehen – weil man suggestiv davon ausgeht, man wisse ja, was die Zeit verlange.

Wie sollen wir also von einer Entwicklung sprechen, über deren weiteren Verlauf wir letztlich viel weniger wissen, als wir wissen müssten, um handlungsfähig zu sein, die aber gerade jetzt einen besonderen Handlungs- und deswegen auch Redebedarf hervorbringt? Wo Deduktion und Induktion, gar lineare Interpolation so gar nicht weiter-helfen, dort könnte man sich an Peirces kreativer Abduktion orientieren, ohne die es auch wissenschaftliche Hypothesenbildung nicht gibt. Für Charles Sanders Peirce ist die Abduktion als Ergänzung zur Induktion und Deduktion eine vollwertige wissenschaftslogische Operation, allerdings eine, die ihre Unsicherheit mitbedenkt. Oder, wie es Helmut Pape zusammenfasst:

> Abduction argues only for the plausibility of a conclusion, as in, e. g.: (i) The surprising fact P was observed. (ii) If Q would be true, we could infer that P. (iii) Therefore, Q is a plausible hypothesis. If this inference pattern were our only support for Q, Q would be a very weak hypothesis, since every other hypothesis that implies P would do as well. For this reason, we always have to appeal to a methodological principle that secures the relevance of the hypothesis. (Pape 1998, S. 2034)

Die Abduktion, eine Form der Urteilsmodalität der Konjektur (Scholz 2012), beruht auf genauer Beobachtung und kontrollierter Hypothesenbildung, weshalb sie von einigen Semiotikern mit Sherlock Holmes' detektivischer Methode in Verbindung gebracht wurde (Sebeok & Umiker-Sebeok 1982). Dessen Deutungspräzision ist in unserem Kontext, der die Operation auf das Zukünftige wendet und deswegen gleichsam umdreht, allerdings nicht zu erreichen. Es geht um nichts weniger als die *Vorhersage* eines „surprising fact P".

Doch sind in diesem Sinne spekulative Denkformen, so sie aus der Gegenwart zu belegen sind, durchaus legitim, ja notwendig. Sie sind aber jeweils zu skalieren und im Bewusstsein einer hohen, mit zunehmender Zeitdimension exponentiell wachsenden Kontingenz anzuwenden, und das bedeutet auch: im Bewusstsein anderer Möglichkeiten, nicht zuletzt auch gegensätzlicher, solcher, die auf Bifurkationen beruhen, aber auch solcher, die einem Gesetz der systemischen *inertia* (Trägheit) folgen. Wir sind gut beraten, immer mit zu bedenken, was wir nicht aufgeben wollen. Die Annahme, gerade der Megatrend Digitalisierung würde keine widersprüchlichen Erscheinungen hervorbringen, und sei es nur durch eine bereichsweise Sehnsucht nach dem Analogen, ist höchst unwahrscheinlich. Es ist umso mehr die Relativität der eigenen Sicht zu reflektieren, um Transparenz bezüglich der eigenen Position herzustellen.

5 – Schluss: Narrative gegen den Kontrollverlust

Das missglückte Gespräch über die Zukunft der Bibliotheken verknüpfte die Missachtung der Dimension, was wir eigentlich wollen (oder wollen können), mit der Präsupposition eines Entwicklungsautomatismus. Dabei wurde die Gegenwart weitgehend ignoriert – ein alter Revolutionärstrick, der die disruptive Annahme als Vorwand nutzt, Fakten als veraltet beiseite zu legen. Das Problem dabei ist, dass man leicht Prognose und Spekulation verwechselt und auch aufgrund von Gesetzen der Narrativierung fast unweigerlich in einen utopischen oder in einen dystopischen Denkmodus verfällt. Beides, das positiv-utopische wie das antiutopische Erzählen über Zukunft, fußt auf unendlich vielen Zukunftsbildern, die in unserer Kultur kursieren und die aus dem Technikoptimismus ebenso stammen können wie aus der meist pessimistischeren Science-Fiction. Doch sind beide Pole ohne vertiefte Reflexion ungeeignet, die Qualität der Prognose zu verbessern.

Die Probleme, die sich mit den Sozialen Medien-Firmen für die Demokratie ergeben, waren aus den frühen Deutungen des Potenzials des Internets ebenso wenig herzuleiten wie die Chancen massenhafter Datenmengen für die medizinische Diagnostik. In all solchen Fällen – und überhaupt in der Frage, ob, wo und in welchem Maß die in der Entwicklung angelegte Standardisierung oder umgekehrt die Individualisierung sich durchsetzt – ist es höchst schwierig vorherzusagen, wie die Auswirkungen in zehn oder mehr Jahren beurteilt werden. Das Ziel aber kann nur darin liegen, die Prozesse in den uns betreffenden Bereichen so weit wie möglich nach qualitativen Kriterien zu beeinflussen, die nicht von den externen Prozessen vorgegeben sind. Dieses Ziel, nach Möglichkeit die Kontrolle nicht abzugeben und nach eigenen Kriterien zu handeln, ist vielleicht banal. Die Umsetzung ist es nicht.

Referenzen

Brooks, Rodney: The Seven Deadly Sins of AI Predictions. In: *MIT Technology Review* (6. Oktober 2017), Online: https://www.technologyreview.com/s/609048/the-seven-deadly-sins-of-ai-predictions/ [abgerufen: 9. September 2019].
Čapek, Karel: *R.U.R. [Rossumovi Univerzální Roboti]*. Drama. Prag 1920.
Coates, Joseph F., Jennifer Jarratt (Hg.): *What Futurists Believe*. Bethesda 1989.
Dirscherl, Hans-Christian, Kevin Fogarty: Die spektakulärsten Fehlprognosen der IT-Geschichte. In: *PC-Welt* (15. August 2019), Online: https://www.

pcwelt.de/ratgeber/Die_spektakulaersten_Fehlprognosen_der_IT-Ge
schichte-6948150.html [abgerufen: 9. September 2019].

Lotman, Juri M.: *Kultur und Explosion*. Hg. von S. Frank, C. Ruhe, A. Schmitz;
übers. von D. Trottenberg. Frankfurt/Main 2010.

Pape, Helmut: Peirce and his Followers. In: *Semiotik / Semiotics. Ein Handbuch zu
den zeichentheoretischen Grundlagen von Natur und Kultur*. Hg. von Roland
Posner et al. Bd. II/2, Berlin, New York 1998.

Passig, Kathrin: *Standardsituationen der Technologiekritik*. Frankfurt/Main 2013.

Reye, Barbara: Mini-Maschine im Auge. In: *Tagesanzeiger* (30. August 2019),
Online: https://www.tagesanzeiger.ch/wissen/technik/minimaschine-im-
auge/story/28444343 [abgerufen: 9. September 2019].

Schmid, Birgit: Die Frau aus der Zukunft. In: *Neue Zürcher Zeitung* (9. Mai 2016),
Online: https://www.nzz.ch/lebensart/gesellschaft/portraet-karin-frick-
die-frau-aus-der-zukunft-ld.18052 [abgerufen: 9. September 2019].

Scholz, Oliver R.: Art. Konjektur. In: *Historisches Wörterbuch der Rhetorik*. Hg.
von Gerd Ueding. Bd. 10, Darmstadt 2012, Sp. 486–496.

Sebeok, Thomas A., Jean Umiker-Sebeok: *„Du kennst meine Methode". Charles S.
Peirce und Sherlock Holmes*. Aus dem Amerikanischen von A. Eschbach.
Frankfurt/Main 1982.

Robin Schmidt

Post-digitale Bildung

1 – Was heißt post-digital?

„Like air and drinking water, being digital will be noticed only by its
absence, not its presence." (Negroponte 1998). Dass Nicholas Negroponte mit seiner Prognose aus *The Wired* vor zwanzig Jahren recht hatte,
bemerke ich schmerzhaft genau in diesem Moment: auf dieser Bahnfahrt,
wo das WLAN mal wieder nicht funktioniert und das Smartphone gefühlt
stundenlang nur EDGE-Netz hat, ich selbstverständlich weiter in meinen
Laptop diesen Text tippe, während die digitale Bahnlogistik vermutlich
gerade die wegen der Verspätung noch zu erreichenden Anschlüsse am
nächsten Bahnhof kalkuliert.

Diese gefühlte Selbstverständlichkeit des Digitalen, die nur noch bei
Abwesenheit und Fehlfunktionen bemerkt wird, scheint Lebensgefühl
geworden zu sein. Jedenfalls bestätigen Jugend- und Sozialstudien der
letzten Jahre: für Jugendliche und junge Erwachsene der hochindu-
strialisierten Gesellschaften ist heute online ein dauernder, diffuser, nicht
eigens reflektierter Zustand geworden, während umgekehrt offline-Sein
zur Entscheidung geworden ist. In neueren Studien wird hier daher auch
nicht mehr die Online-Zeit, sondern nur noch die Offline-Zeit vermessen. Diese Jugendliche und junge Erwachsene erwarten im Hinblick
auf Digitalisierung keine Überraschungen mehr. Sie gehen mehrheitlich
davon aus, dass alles ‚irgendwie so weiter geht' und da ohnehin alle
durchgehend irgendwie online sind, fällt es ihnen schwer, sich eine
Steigerungslogik auszumalen (Bos et al. 2016, mpfs 2016, Calmbach et
al. 2016). Die binären Unterscheidungen wie digital/analog, online/
offline, medial/nicht-medial, die den digitalen Wandel in seinem Entstehen verständlich gemacht haben, erscheinen unter solchen Voraussetzungen weder kategorial (wie z.B. Cramer 2014 nahelegt), noch
empirisch (z.B. DIVSI 2014: 64 ff) weiter haltbar. Es handelt sich um
„Blurring Boundaries" (Genner 2017, 45 ff). Mit Baudrillard kann man
dann sagen, dass das Digitale eigentlich schon wieder dabei ist zu verschwinden (Baudrillard 2012).

Der Zustand einer Gesellschaft, in dem der Unterschied zwischen
digital und analog sich auflöst oder redundant wird, weil das einstmals

neue Digitale bereits zu ihrer inhärenten Voraussetzung geworden ist, kann post-digital genannt werden. Wie im Begriff der Postmoderne in seiner philosophischen Prägung bei Jean-François Lyotard (Lyotard 1996, Lyotard 2009) das ‚Post-‘ den historischen und mentalen Zustand der permanenten Produktion der Moderne meint, der nicht mehr sinnvoll von anderen Zuständen abgegrenzt werden kann (und nicht etwa deren Ende), so kann der Ausdruck ‚post-‘ in Anlehnung daran auf den gegenwärtigen gesellschaftlichen Zustand angewendet werden.

Der Ausdruck post-digital ist – Florian Cramer bringt es prosaisch auf den Punkt – „a term that sucks, but is useful" (Cramer 2015, 13). Er ist, wie alle post-Diskurse disparat, seinerseits hypend, aber zugleich auch eine Perspektive eröffnend, da er ermöglicht, ein herrschendes Diskursdispositiv auszuhebeln (Labaco 2013, Cramer 2015, Berry/Dieter 2015, Cramer 2016b, Horx 2018, Jandrić et al. 2018).

Bereits in den 2000er-Jahren wurde das Konzept ‚post-digital‘ in der Kunstreflexion verwendet und als die Zeit bestimmt, in der der Unterschied zwischen Kunst, die ohne digitale Technologien zustande kommt, und digitaler Kunst entweder nicht mehr zu machen ist oder nicht mehr relevant oder uninteressant erscheint. Von dort aus wurde das Konzept auch in andere Diskurse übertragen und verwendet, um beispielsweise deutlich zu machen, dass Digitaltechnologie nicht automatisch Fortschritt und Zukunft bedeutet und Digitalität selbst kein Auszeichnungskriterium mehr für irgendeine Praxis ist (Cramer 2014, Cramer 2015, Cramer 2016a).

Der Ausdruck ‚post-digital‘ soll hier jedenfalls nicht auf das das Ende des Digitalen, sondern auf das Ende der Auffassung des Digitalen als spezifisches kulturelles (gesellschaftliches, anthropologisches, künstlerisches, soziales, technologisches, politisches, pädagogisches usw.) Differenzkriterium gegenüber einer nicht-digitalen Weise des Seins deuten und die Frage aufwerfen, was Bildung dann ausmachen könnte. Also: Kann auch Bildung post-digital konzipiert werden, im Unterschied zu einem Modernisierungsnarrativ, das sich über Digitalisierung definiert?

2 – Morgen vor 40 Jahren – was war das postmoderne Wissen?

Um solches post-digitales Wissen zu charakterisieren, kann es zunächst vom post-modernen Wissen unterschieden werden. Ein zentraler, für den philosophischen Begriff der Postmoderne prägender Text war der 1979 von Jean-François Lyotard publizierte Bericht für den Universitätsrat der Regierung von Quebec *La condition post-moderne* (Lyotard 2009). Der zentrale Gegenstand des Berichts war „Das Wissen in den informatisierten Gesellschaften", wenngleich die Rezeption in der Folge insbesondere die dort auch verhandelte Bedeutung der schwindenden Macht der großen Legitimationserzählungen für die Wissenschaften fokussierte. Die dort vorgelegte Analyse und Prognose der Entwicklung eines vollständig informatisierten Bildungswesens ist von geradezu hellsichtiger Treffsicherheit und lohnt einen kurzen Exkurs, um deutlicher zu unterscheiden, von wo aus heute weitergedacht werden könnte.

Die Einleitung liest sich abgesehen von einzelnen Vokabeln wie ein heutiger Bildungsbericht: die Auswirkungen der „technologischen Transformationen auf das Wissen" erscheint „erheblich". Durch die „Computer und ihre Sprachen, die Probleme der Sprachübersetzung, und die Suche nach Vereinbarkeiten zwischen Sprachen – Automaten, die Probleme der Speicherung und die Datenbanken, die Telematik und die Perfektionierung ‚intelligenter' Terminals" verändert sich die Forschung und die Übermittlung der Erkenntnisse fundamental (Lyotard 2009, 30). Bereits 1979 war für mehr als die Hälfte der High-School Schüler in Quebec ein Computer in der Schule zugänglich und wurde genutzt, 1980 soll dies dann in allen Schulen der Fall sein; transatlantische, satellitenübertragene Videokonferenzen und weltweite, zeitgleiche Nachrichtenübermittlung zwischen den Nachrichtenagenturen wurden zur Gewohnheit (Lyotard 2009, 159). Und durch die weitere „Normierung, Miniaturisierung und Kommerzialisierung der Geräte" werden die „Verfahren des Erwerbs, der Klassifizierung, der Verfügbarmachung und Ausbeutung der Erkenntnisse verändert" (Lyotard 2009, 30). Lyotard diskutiert insbesondere folgende Auswirkungen:

– Hegemonie des informatisierbaren Wissens: Nur solches Wissen, das sich in „Informationsquantitäten" übersetzen lässt, kann künftig Teil des Diskurses sein, und „all das, was vom überkommenen Wissen nicht in dieser Weise übersetzbar ist, [wird] vernachlässigt" (30 f.).
– Verlust der Bildung als Selbstzweck: „Das alte Prinzip, wonach der Wissenserwerb unauflösbar mit der Bildung des Geistes und selbst der Person verbunden ist, verfällt mehr und mehr. […] [Wissen] hört auf, sein eigener Zweck zu sein, es verliert seinen ‚Gebrauchswert'" (31). Die Ausbildung dient fortan im Wesentlichen der Leistungsfähigkeit der Gesellschaft. Das Ausbildungssystem muss daher für das soziale System „die diesem […] unentbehrlichen Kompetenzen ausbilden" (119). Die Universität muss künftig neben der Berufsqualifizierung

auch die Umschulung und lebenslange Weiterbildung leisten. Ihr kommt zu, eine neue „Rolle im Rahmen der Verbesserungen der Leistungen des Systems zu spielen, und zwar jene des Recyclings oder der permanenten Ausbildung" (122).

- Kommerzialisierung des Wissens: „Das Wissen ist und wird für seinen Verkauf geschaffen werden, und es wird für seine Verwertung in einer neuen Produktion konsumiert und konsumiert werden: in beiden Fällen, um getauscht zu werden" (31). Das geht mit einer starken Veräusserlichung des Wissens gegenüber dem Wissenden einher. In der höheren Ausbildung gilt nicht mehr zu fragen: „Ist das wahr? sondern: Wozu dient es?" (125)

- Multinationale Informations-Unternehmen stellen den Staat in Frage: Wenn multinationale Unternehmen wie IBM beispielsweise Kommunikationssatelliten installieren, wer definiert dann erlaubte und verbotene Daten und Kanäle, wer hat Zugriff auf die Daten und werden dann Staaten Kunden wie andere Kunden sein? Die Rechtsprobleme solcher Situationen seien völlig ungeklärt (33).

- Krieg um die Beherrschung von Informationen: Die Nationalstaaten werden um die Beherrschung von Informationen kämpfen, wie sie früher um Territorien, Verfügbarkeit von Rohstoffen oder billige Arbeitskräfte kämpften (32).

- Die Didaktik kann Maschinen anvertraut werden: Die reine Vermittlung von einem organisierbaren Bestand von Kenntnissen kann in der höheren Ausbildung an Maschinen übertragen werden: „Sofern die Kenntnisse in eine informatorische Sprache übersetzbar sind und der traditionelle Lehrende einem Speicher vergleichbar ist, kann die Didaktik Maschinen anvertraut werden, die klassische Speicher (Bibliotheken usw.) ebenso wie Datenbanken an intelligente Terminals anschließen, die den Studenten zur Verfügung gestellt werden." (124)

- Pädagogik muss Programmiersprachen wie Fremdsprachen lehren: Die Pädagogik müsse darunter nicht notwendig leiden, denn sie wird den Studenten etwas anderes lehren: „Nicht die Inhalte, sondern den Gebrauch von Terminals." – „In dieser Perspektive müsste eine Grundausbildung in Informatik und insbesondere in Telematik zwangsläufig Teil einer höheren Propädeutik sein, unter demselben Anspruch, wie zum Beispiel die Erlangung der fließenden Beherrschung einer Fremdsprache." (124)

- Wissenschaft wird zum Spiel mit vollständiger Information: Wenn grundsätzlich alle „hier und jetzt" Zugriff auf das ganze Wissen haben, kann Wissenschaft als „Spiel mit vollständiger Information" (126) gelten. Nur solange sie ein Spiel mit unvollständiger Information war, kam denen ein Vorteil zu, die über das Wissen verfügen und sich einen Zusatz an Informationen verschaffen konnten. Aus dem Besitz von Wissen allein erwächst dem Wissenden jetzt kein Vorteil mehr.

– Der Ära des Professors läuten die Grabesglocken: Wenn es somit kein wissenschaftliches Geheimnis mehr gibt, hängt der Zuwachs an Leistung der Wissenschaft nicht mehr an der Produktion des Wissens und dessen Erwerb, sondern ist davon abhängig, die Regeln des Spiels zu ändern oder einen neuen Spielzug durchzuführen, kurz: erfinderisch oder phantasiereich neue Verbindungen herzustellen. Daher wird Interdisziplinarität und Teamarbeit aufgewertet. „Was aber sicher scheint, ist, dass […] der Ära des Professors die Grabesglocken läuten: Er ist nicht kompetenter zur Übermittlung des etablierten Wissens als die Netze der Speicher, und er ist nicht kompetenter zur Erfindung neuer Spielzüge oder neuer Spiele als die interdisziplinären Forschungsteams" (129).

So werden in einer informatisierten Gesellschaft die Datenbanken zur neuen Weltumgebung. So wie durch die industrielle Revolution die maschinelle Stadt an die Stelle der bäuerlichen, ruralen Natur trat, so treten an die Stelle der urbanen Lebensumgebungen für den postmodernen Menschen die Datenbanken. Die Datenbanken sind die Welt in der er lebt und von der er lebt: Datenbanken „sind die ‚Natur' für den postmodernen Menschen" (125). Den Moment, in dem der Mensch beginnt, das nicht mehr für neu und befremdlich, sondern für gegeben und eben ‚natürlich' zu halten, würde ich als den Moment des Übergangs in eine post-digitale Zeit bezeichnen.

3 – Post-digitale Bildung?

Aus dem Vorigen ist nicht nur ablesbar, dass diese vor vierzig Jahren wohl noch dystopisch erscheinenden Einschätzungen sehr treffsicher waren, sondern auch, wie sehr die damit verbundenen Probleme heute bereits zum Alltag gehören. Es wäre nicht schwer, den heute bestehenden Büchermarkt zu den Verheißungen und Kritiken der Digitalisierung der Bildung – mit Ausnahme der hier noch fehlenden gesundheitlichen Aspekte – auf die von Lyotard diskutierten Punkte zurückzuführen. Doch postmodern ist an dieser Analyse nicht nur der Inhalt, sondern auch die

Ironie, mit der die Problemlagen aufgezeigt und die Brüche mit der Tradition markiert werden, ohne selbst einen Entwurf zu wagen.

Wenn diese postmodernen Verhältnisse des Wissens nicht mehr eine Zukunft, sondern den Status quo (eines spezifischen und privilegierten Teiles der Gesellschaft) darstellen, der zwar noch (zurecht) kritisiert wird, mit dem man aber als Normalität umgehen muss, um in der Gegenwart wirksam sein zu können, stellen sich die alten Fragen wieder neu: Was ist dann wichtig? Was wird relevant zu können und zu wissen?

Dazu vier Spekulationen:

1. Wenn die vollständige Verfügbarkeit von Wissen alltäglich gefühlte Realität ist, wird auch Bildung womöglich immer weniger als Besitz und Verfügbarkeit (letztlich also als Kapital) eines Menschen, sondern immer mehr als Bezug eines Menschen auf einen Stoff (letztlich also als Interaktion, emphatischer: als Dialog) erfahren. Vielleicht rückt dadurch mehr in den Fokus, dass Bildung nicht nur eine Frage von Inhalten und Kompetenzen, sondern auch eine von Bezügen und Beziehung ist: dass mir mein Grossvater von Napoleon erzählt hat – und das gut konnte – bedeutet etwas ganz anderes als, dass er wusste, wo nachzuschlagen, um die Elemente der historischen Erzählung zu finden oder dass ich noch wiedergeben könnte, was er damals genau gesagt hat. Oder der Mathematiklehrer, der Integrale im Kopf ohne Taschenrechner berechnen konnte, aber mir auch gezeigt hat, wie man den Apple IIe mit BASIC dazu programmiert: es bleibt eine Sache meines Bezuges auf den Bezug, den diese Menschen auf ihre Themen hatten, der mir zur auch zur Quelle von Bildung wurde, indem sich später daran Vieles anknüpfen ließ. Das ist natürlich auch nicht neu, doch eine post-digitale Bildung könnte neben der notwendigen Gelehrsamkeit, den Kompetenzen sowie Versuchen, diese zu übertragen, sich stärker darauf konzentrieren, das spezifische, konkrete singuläre Verhältnis erfahrbar zu machen, das ein Mensch zu Fragen, Ideen und Gegenständen seines Interesses bildet. Postdigitale Bildung wäre dann insbesondere eine Teilnahme an der Teilnahme eines Anderen an Anderem. Expertise und der Maßstab der Qualität solcher Bildung würden sich dadurch auszeichnen, dass durch dieses sichtbar-werdende Verhältnis sich auch Anderen Zugänge zu diesen Themen, Dingen, Vorgängen oder Wesen eröffnen oder Anderen die eigenen Bezüge zu ihren eigenen Themen und Fragen besser verständlich würden. Dialog und Austausch diente hier nicht der Überzeugung der Anderen oder der Herstellung von Konsens, sondern dem Erscheinen und Bilden von singulären Verbindungen. Ich denke dabei auch an Hannah Arendts Figur von Sokrates und die Form von *doxa*

(Meinung), die sie im Auge hat, wenn sie darüber spricht, wie Sokrates ein singuläres Verhältnis zu einer Idee für maßgeblich erachtet – in Abgrenzung zu Platon, der das Universelle der Idee betont und dem der konkrete Bezug zum Einzelnen dabei als Hindernis erscheint (Arendt 2016 und 2018). – Wie sähe dann universitäre Lehre aus?

2. Post-digitale Bildung zeichnete sich weniger durch die Fähigkeit zur Antwort als durch die Fähigkeit zur Frage aus. Angesichts der Omnipräsenz von schnellen Antworten und einer allgemeinen Verfügbarkeit von deklarativem Wissen kann verstärkt gefragt werden: Wie ist es, den Menschen (die Schülerinnen und Schüler, Studierenden, Lehrpersonen, Professorinnen und Professoren usw.) als fragendes Wesen zu verstehen? Selbst wenn das Wissen als Antwort allen zur Verfügung steht, denke ich – anders als Lyotard – dass es nicht genügt, nur zu lernen, die richtigen Fragen an die Datenbanken zu richten. Auch bestehendes Wissen muss immer wieder neu erschlossen, beurteilt, organisiert und verteilt werden. Dazu wird es auch in Zukunft Schulen und Hochschulen brauchen, die sich um das deklarative Wissen kümmern und Menschen ausbilden, die einen solchen Bezug zu Wissen erworben haben, dass sie darin sowohl fachlich wie verantwortlich urteilen können. Der Fokus der Bildungsprozesse könnte sich aber erweitern: Bildungseinrichtungen könnten auch Orte werden, an denen der Mensch als Fragender existieren kann, ohne dafür sanktioniert zu werden. In Anlehnung an Cusanus' belehrter Unwissenheit könnten Hochschulen auch Orte sein, an dem man sich an der Grenze des Noch-nicht-Gewussten aufhalten kann und dafür belohnt wird, während das heutige Bildungssystem diejenigen privilegiert, die (vermeintlich) wissen, ohne Zweifel auftreten und sich gegen andere durch Macht durchsetzen. Ich denke dabei auch an das, was sich nach einem sokratischen Dialog einstellen kann: wenn die Frage durch die erlebte Aporie eigentlich erst richtig anwesend ist und sich keine intellektuelle Antwort und kein Konsens einstellt. Dann entscheidet sich, ob die Frage eine solche ist, die bleibt und ob ich mich an dieser auch im Leben ausrichten werde. Eine post-digitale Forschung würde so vielleicht versuchen, auf der Grundlage des Wissens das Finden, Herausarbeiten und Artikulieren sowie das Leben mit Fragen zu befördern – durch geeignete Orte, in denen zögerliches, unsicheres Sprechen und intensives, offenes Zuhören möglich ist.

3. Eine post-digitale Universität könnte die Beliebigkeit der Postmoderne ins Positive um- oder zurückwenden: Das Beliebige ist ursprünglich das Quodlibet – das, was beliebt (Agamben 2003, 7 ff). Das Quodlibet war einmal eine akademische Disziplin. Es war eine Weise, das

Wissen zu lieben: Im 14. Jahrhundert war die *Disputatio de quodlibet* an der Universität von Paris jener Teil der wissenschaftlichen Verständigung, der der streng regulierten Disputation einer Thesis folgte. Auch das Quodlibet war reguliert, aber hier wurde Intellektualität festlich zelebriert, bunt, vielstimmig, mit wenig Hierarchie, feierlich, aus Liebe zur Sache, eben: wie es beliebt. Daraus entwickelte sich das Quodlibet in der Folge oft zur Persiflage, zur Humoreske, zum Nonsens, der im kunstvollen Verbinden von ansonsten unsinnigen und vulgären Einzelheiten bestand. Daher wurde es an der Universität Heidelberg 1558 verboten. (Das Quodlibet als Musikform kam in seiner eigentlichen Form erst in der Renaissance auf.) Das Beliebige wäre so nicht die öde, sinnlose postmoderne Beliebigkeit. In der Musik wie in der Wissenschaft setzt es gerade die genaue Kenntnis des Faches und der strengen Gesetze voraus. Es ergibt sich danach aus einer Entspannung. Das Quodlibet als postdigitale Wissensform wäre eine Erscheinung des *afterglow:* es lässt in Fröhlichkeit die Differenz von Leitkultur und Populärem, von Einheimischem und Fremdem hinter sich. Als Gegenform einer zentral organisierten, in der Systematik Hegels organisierten Universität sucht es gerade nach dem, was aus der Verbindung zwischen Fremdem entsteht. Das Quodlibet als Wissensform wäre eine kunstvolle Form der Kreolisierung. Edouard Glissant beschreibt den Vorgang der Kreolisierung als kulturelle Praxis, in der ein neues und unbekanntes Drittes entstehen kann, wenn zwei Singularitäten sich begegnen und die gegenseitigen Gesten der Unterwerfung hinter sich lassen. Man braucht, um diesem Dritten nah zu sein, mit ihm gehen zu können, so Glissant, ein „Denken der Spur", das den kolonialisierenden Herrschaftsgestus der Allgemeinheiten und Normen abwirft und sich dem Kontingenten hingibt (Glissant 2013).

4. Das zusammen bedeutet, sich dem Wandel – dem Digitalen Wandel – und seinen noch unbekannten Implikationen für das Wissen und die Rolle des Menschen darin aussetzen zu wollen. Wandel im Feld des Wissens, der Bildung und Erziehung gestalten zu wollen, kann nicht Rückkehr zu früheren Formen der Bildung, aber auch nicht die Resignation vor den technologischen Dispositiven bedeuten. „Wandel bedeutet weder Rückkehr noch Preisgabe, noch Laisser-faire. Er beinhaltet Unvorhergesehenes und Unvorhersehbares, übersteigt also die erkundeten Möglichkeiten. Er setzt uns dem Unmöglichen aus, stellt also jede Identifikation, jede Anerkennung, jede Angleichung in Frage. Das verlangt ganz besonders danach, die Orte der Ratlosigkeit und Ohnmacht selbst zu bearbeiten." (Nancy 2017, 14)

Gegenüber den Programmatiken, die die Zukunft aus einer universellen Idee oder einer schon vorher feststehenden Methode ableiten wollen, erscheint hier die Bearbeitung der Felder der Ratlosigkeit und Ohnmacht gerade als Quelle von Zukunft. Was hieße es, Verantwortung für etwas zu übernehmen, das nicht aus bisherigen Ideen oder Methoden zu lösen ist?

4 – Public Digital Literacy

In einer post-digitalen Gesellschaft entsteht Verantwortung gegenüber den digitalen Infrastrukturen, Inhalten und Kommunikationsformen kaum auf Grundlage der Frage, ob diese Technologien angenommen oder abgelehnt werden sollten. Verantwortung für das Verhältnis zu digitalen Technologien zu übernehmen, bedeutet heute vielmehr aus der Dualität von Annahme und Ablehnung auszutreten und sich an der Frage zu beteiligen, wie diese Technologie auf uns wirken soll. Wie Kiran und Verbeek deutlich machen, kann das als eine Frage des Vertrauens und Sich-Anvertrauens an Technologie in einem philosophischen Sinne verstanden werden:

> Once we develop a more internal account of the relations between human beings and technologies, we begin to see that in order to gain trust in technologies, we must first trust ourselves to technologies. This, however, does not imply subjecting ourselves uncritically to them, but rather recognizing that technologies help to constitute us as subjects, and that we can get actively involved in these processes of mediation and subject constitution. Rather than giving up freedom, this is a way to create freedom. Rather than being free from constraints, this approach understands freedom as developing a free relation to the forces that help to shape our selves. Trust here has the character of confidence: trusting oneself to technology. (Kiran & Verbeek 2010, 425)

Digitale Technologien sind eine Hervorbringung des Menschen. Es handelt sich daher auch um die Frage des Sich-Anvertrauens an das von Menschen Geschaffene. Freiheit wird hier gewonnen durch ein freies Verhältnis zu dem, was unser Selbst durch das von anderen Geschaffene formt.

Angesichts der wahrscheinlich irreversiblen Präsenz digitaler Technologien, erlaubt diese Perspektive, in eine Verantwortung einzutreten, die auch übernommen werden kann: zu verstehen, wie diese Technologien wirken und mitzugestalten, wie sie uns als Menschen formen sollen.

Die Erforschung der Bedingungen, die solche freie Verbindungen ermöglichen, wäre ein zu entwickelndes Feld, das Public Digital Literacy genannt werden kann. In Anlehnung an die Public Health, Public History, Public Religion oder andere Public-Diskurse (Demantowsky 2018, Arendes 2019, Viehrig 2019) könnte eine Public Digital Literacy an den Bedingungen der Übernahme von Verantwortung für Technologien arbeiten, die bereits zur immanenten Voraussetzung der Gesellschaft geworden sind und als solche beginnen, sich der Sichtbarkeit zu entziehen.

Allerdings würde es hier nicht so sehr um Bildung oder Literacy und das in diesen Begriffen meist mitgedachte sich befreiende Subjekt, sondern um die Entstehungsbedingungen einer Art von Agency (Eteläpelto et al. 2013, Latour 2015, Sherman 2016, Priestley et al. 2017, Löwenstein & Emirbayer 2017) gehen. Agency ist keine Eigenschaft von Subjekten, die sie als Souveräne gegenüber einer beherrschbaren Umgebung ausüben, indem sie sich zuvor von dieser Umgebung emanzipieren, sondern eine Wirksamkeit, die sich in wechselseitiger Verbindung mit einer kontingenten Umgebung einstellen kann. Agency ist kein Wissen, keine Kompetenz und keine Eigenschaft von Subjekten, sondern vielmehr etwas, das Menschen in komplexen wechselseitigen Beziehungen in einer netzwerkartigen Umgebung tun oder erreichen. Eine spezifische technologische Agency erlaubte dabei die Umformung der Affordanzen digitaler Technologie – das sind die offensichtlichen, von der Technologie nahegelegten Weisen des Umgangs mit ihr und ihre Wirksamkeit durch ihre Dispositive – zu individuell und gesellschaftlich gewollten und intendierten Wirksamkeiten. Wie technologische Agency zustande kommt, und wie sie öffentlich und für die Öffentlichkeit erschlossen werden kann, wäre dann Gegenstand dieser Disziplin bzw. dieses Diskurses einer Public Digital Literacy.

Referenzen

Agamben, Giorgio: *Die kommende Gemeinschaft.* Übersetzt von Andreas Hiepko. Berlin 2003.

Arendes, Cord: What Do We Mean by „Public"? In: *Public History Weekly* (27. September 2019), Online: https://public-history-weekly.degruyter.com/ ?p=14181 [abgerufen: 11. September 2019].

Arendt, Hannah: *Sokrates: Apologie der Pluralität.* Dritte Auflage Berlin 2016.

Arendt, Hannah: *Freundschaft in finsteren Zeiten. Gedanken zu Lessing.* Berlin 2018.

Baudrillard, Jean: *Warum ist nicht alles schon verschwunden?* 2. Aufl. Berlin 2012.

Berry, David, & Dieter, Michael: *Postdigital Aesthetics. Art, Computation and Design.* New York 2015.

Bos, Wilfried, Lorenz, Ramona, Endberg, Manuela, Eickelmann, Birgit, Kammerl, Rudolf, & Welling, Stefan: *Schule digital – der Länderindikator 2016. Kompetenzen von Lehrpersonen der Sekundarstufe I im Umgang mit digitalen Medien im Bundesländervergleich.* Münster 2016.

Calmbach, Marc, Borgstedt, Silke, Borchard, Inga, Thomas, Peter Martin, & Flaig, Berthold (Hg.): *Wie ticken Jugendliche 2016? Lebenswelten von Jugendlichen im Alter von 14 bis 17 Jahren in Deutschland.* Wiesbaden 2016.

Cramer, Florian: *Post-Digital Media.* In: *Post-Digital Research* 3/1 (2014).

Cramer, Florian: *What Is 'Post-digital'?* In: Berry, David, & Dieter, Michael (Hg.): *Postdigital Aesthetics. Art, Computation and Design.* New York 2015, S. 12–26, Online: https://link.springer.com/chapter/10.1057/9781137437204_2; 23.1.2018 [abgerufen: 11. September 2019].

Cramer, Florian: Nach dem Coitus oder nach dem Tod? Zur Begriffsverwirrung von „Postdigital", „Post-Internet" und „Post-Media". In: Thalmair, Franz (Hg.): *Postdigital 1: Allgegenwart und Unsichtbarkeit eines Phänomens.* Köln 2016a, S. 55–67.

Cramer, Florian: Post-Digital Literary Studies. In: *MATLIT: Materialidades da Literatura* 4,1 (Februar 2016b), S. 11–27.

Demantowsky, Marko: What is Public History. In: Demantowsky, Marko (Hg.): *Public History and School.* Berlin, Boston 2018, S. 1–38.

DIVSI (Hg.): *DIVSI U25-Studie. Kinder, Jugendliche und junge Erwachsene in der digitalen Welt.* Hamburg 2014.

Eteläpelto, Anneli, Vähäsantanen, Katja, Hökkä, Päivi, & Paloniemi, Susanna: *What is agency? Conceptualizing professional agency at work.* In: *Educational Research Review* 10 (Dezember 2013). S. 45–65.

Genner, Sarah: *On-Off: Risks and Rewards of the Anytime-Inywhere internet.* Zürich 2017, Online: http://vdf.ch/on-off-e-book.html [abgerufen: 11. September 2019].

Glissant, Édouard: *Kultur und Identität: Ansätze zu einer Poetik der Vielheit.* Übersetzt von Beate Thill. Heidelberg 2013.

Horx, Matthias: *Das postdigitale Zeitalter.* 2018, Online: https://www.zukunftsinstitut.de/artikel/zukunftsreport/das-postdigitale-zeitalter/ [abgerufen: 11. September 2019].

Jandrić, Petar, Knox, Jeremy, Besley, Tina, Ryberg, Thomas, Suoranta, Juha, & Hayes, Sarah: Postdigital science and education. In: *Educational Philosophy and Theory* 50,10 (August 2018), S. 893–899.

Kiran, Asle H., & Verbeek, Peter-Paul: Trusting Our Selves to Technology. In: *Knowledge, Technology & Policy* 23,3 (Dezember 2010), S. 409–427.

Labaco, Ronald T. (Hg.): *Out of hand: materializing the postdigital;* London 2013.

Latour, Bruno: *Wir sind nie modern gewesen. Versuch einer symmetrischen Anthropologie.* Übersetzt von Gustav Roßler. Frankfurt/Main 2015.

Löwenstein, Heiko, & Emirbayer, Mustafa (Hg.): *Netzwerke, Kultur und Agency: Problemlösungen in relationaler Methodologie und Sozialtheorie.* Weinheim 2017.

Lyotard, Jean-François: *Postmoderne für Kinde.: Briefe aus den Jahren 1982–1985.* Wien 1996.

Lyotard, Jean-François: *Das postmoderne Wissen. Ein Bericht*. 6., überarb. Aufl. Wien 2009.

mpfs: *JIM 2016. Jugend, Information, (Multi-) Media. Basisstudie zum Medienumgang 12- bis 19-Jähriger in Deutschland*. Online: https://www.mpfs.de [abgerufen: 11. September 2019].

Nancy, Jean-Luc: *Was tun?* Übersetzt von Martine Henissart und Thomas Laugstien. Zürich, Berlin 2017.

Negroponte, Nicholas: Beyond Digital. In: *Wired* (1998), Online: http://www.wired.com/wired/archive/6.12/negroponte.html [abgerufen: 11. September 2019].

Priestley, Mark, Biesta, Gert, & Robinson, Sarah: *Teacher Agency. An Ecological Approach*. London 2017.

Sherman, Brandon James: *Agency, Ideology, and Information/Communication Technology: English Language Instructor Use of Instructional Technology at a South Corean College*. Pennsylvania 2016.

Viehrig, Brachah Kathrin: Public History, Public Religion, Public X? In: *Public History Weekly* (27. September 2019), Online: https://public-history-weekly.degruyter.com/?p=14219; 2.10.2019 [abgerufen: 11. September 2019].

Ute Kalender

Zählen versus Erzählen? Gedanken zu Digitalisierung und Bildung

„Gebildete Subjektivität kann nie *gezählt*, sie kann nur *erzählt* werden!" – so ein noch immer weit verbreitetes Credo vieler Geisteswissenschaftler*innen, geht es um die Digitalisierung der Lehre, der eigenen Wissensbestände, ja der Bildung im Allgemeinen. Ausgedrückt wird damit ein tiefes Misstrauen gegenüber einer Politik der Zahl, hier verstanden als das Faktum und das Versprechen, immer mehr soziale Milieus inklusive der Bildung für algorithmisches Regieren zu öffnen, zu erschließen und zu durchdringen (Alonso, Star 1987; Doneda, Almeida 2016).

Oft imaginiert das kritische Credo ein der Digitalisierung vorgängiges, ungeteiltes, unentfremdetes Bildungs-Subjekt, mal mehr, mal weniger ausgesprochen. Es ist ein Bildungs-Subjekt das jenseits seines Ideals nie existiert hat, dennoch aber dem digital geteilten Bildungssubjekt entgegengestellt wird. Es werde in der Digitalisierung entwirklicht, entsinnlicht, manipuliert, vor allem aber ökonomisiert. Sieht man sich aber die Erfahrungswelten jener an, die in und mit der Digitalisierung leben, lässt sich ein solcher Einspruch nicht halten. Erfahrung ist kein unproblematischer, nie ein unschuldiger Begriff. Dennoch: viele digital Vermessene sagen, dass das Digitale für sie bedeutet, endlich einmal ganz wahrgenommen zu werden, endlich als sie selbst anerkannt zu werden. Transgender-Jugendliche erfahren erst im Internet, dass es außer Ihnen noch andere gibt, die sich ähnlich fremd in der Schule, auf dem Sportplatz und in der eigenen Familie fühlen (Erlick 2018). Teilnehmende von Gesundheitsstudien durchlaufen ein sechsstündiges, hochgradig digitalisiertes Forschungsprogramm und beschreiben das Studienzentrum im Gegensatz zur Hausarztpraxis als einen Ort, an dem sie als Mensch voll zur Geltung kommen (Kalender & Holmberg 2019).

Als eine kritische Gegenpraxis gilt das digitale Detoxen – die Medienenthaltsamkeit. Von mir selbst gern und genussvoll praktiziert, wird digitales Detoxen auch von Lehrenden und Lernenden regelmäßig als angemessene Haltung in digitalen Zeiten angepriesen. Im Grunde ist die Forderung des Medienverzichts aber ein Mittelschichtsmantra, eine kritische Bekundung eben jener, die über die Mittel der Digitalisierung verfügen, daran teilhaben, bereits Teil – Geteilte – sind (Avanessian abger.

2019) und die meist mit dem sogenannten Globalen Norden assoziiert werden.

Eine solche politische Praxis provoziert geradezu den Einspruch jener, die in Zonen des globalen Südens leben. Oder die Gegenrede befreundeter Berliner Künstler*innen, die Monate auf ein iPhone sparen, den Rechner nicht reparieren lassen können, kein Geld für ein neues Ladekabel haben. Oder den Einspruch jenes Geflüchteten, der sich in seiner Unterkunft umgebracht hat, weil sein Smartphone kaputt ging – und er so nicht länger Kontakt zu seiner Familie halten konnte. Oder das Unbehagen einer Frau nach einem langen Workshop-Wochenende, das zu digitaler Enthaltsamkeit aufgefordert hatte.

Digitales Detoxen ist eine Haltung, die an den großen Fragen der Digitalisierung vorbeigeht. Zu durchdenken wäre eher, um Impulse aus einem vorab der Klausur zirkulierten Pitch aufzunehmen: Mit welchen ausgrenzenden Stadtpolitiken geht die Errichtung eines Google Campus einher? Wer kann sich leisten, in der Umgebung zu wohnen? Wer muss wegziehen? Wen adressiert der Google Campus als ideales Bildungssubjekt? Die Diversen zwar, aber immer die kognitiv Starken? Auf welchen falschen Diversity-Vorstellungen basieren die Bildungspolitiken Googles? Welche neuen Formen des Datenkolonialismus (Couldry & Mejias 2019), impliziert die Digitalisierung der Bildung? Wird der Lern-Algorithmus verbessert? Oder fließt der Gewinn an die Lernenden und Lehrenden in den Institutionen zurück, die Inhalte en masse und unbezahlt bereitstellen – oder anders ausgedrückt: ohne deren flüchtigen, ephemeren Praktiken, ohne deren affektive, feminin codierte Arbeit keine Plattform je existieren kann. Wer verfügt schließlich über die Ressourcen, um zu einem digitalen Bildungssubjekt werden zu können? So bindet Corinna Schmechel in ihrer feinkonturierten, empirischen Analyse von Geschlechtersubjekten der Quantified-Self-Bewegung die Debatte um digitale Selbstvermessung an Fragen von gesellschaftlicher Ungleichheit in der Sorgearbeitsverteilung. Die Sportsoziologin stellt Aussagen von Frauen aus Onlineforen in den Mittelpunkt, die sagen, dass sie gern minutiös jede Körperregung, jede Gewohnheit und jedes Gefühl protokollieren, sich zeitintensiv das technische Know-how aneignen und mit Gleichgesinnten austauschen würden, aber drei Kinder hätten und ihr weniges Geld in der BioCompany und ihre knappe Zeit beim selbstgekochten Essen am Herd ließen (Schmechel 2016).

Schließen möchte ich mit der Imagination neuer Ästhetiken der Existenz, wie sie auch der Abendvortrag von Sara Lisa Vogl auf der Dießener Klausur anriss, aber auch der momentane Glitch- oder

Xenofeminismus (Hester 2018; Russel 2018) sowie die feministischen Black Code Studies formulieren (z. B. Wade 2017). Diese bei Studierenden und im Kunstfeld äußerst beliebten Interventionen lehnen einen digitalen Dualismus ab – also die Annahme, dass On- und Offline zwei getrennte Welten sind. Sie sehen im digitalen Raum immer auch neue Potentiale, affektive Transformationsräume, das heißt Räume, wo Hautpigmentierung keine Basis für Teilhabe ist, wo neue Körperpraktiken ausprobiert werden können. Solche Beiträge erinnern auch an Vordenker des Digitalen wie Félix Guattari, der bereits 1987 in die *Drei Ökologien* nicht nur im Medium der Literatur sondern auch im Digitalen neue Politikmöglichkeiten sah, wenn er formulierte: „Künftig wird es an der Tagesordnung sein, ‚futuristische' und ‚konstruktivistische' Virtualitätsfelder frei zu schalten" (Guattari 1994, 28). Rückgebunden an die Frage der Bildung heißt das: Für eine akademische Karriere ist neben Wissen, Wollen und Begabung ebenfalls ein akademischer Habitus, eine spezifische Körperperformanz wichtig. Eine Selbstgewissheit beim Sprechen, eine moderate, keine überbordende, exzessive Körperlichkeit. Wenn Digitalisierung der Bildung eine relative Entkörperlichung ist, weil Bildungsprozesse zunehmend in den digitalen Raum verlagert werden, kann das auch eine Unterminierung von Klasse bedeuten – also das Muss, einen spezifischen Körper für eine akademische Karriere vorzuweisen. Denn im virtuellen Raum können Studierende mit einem Hintergrund in Arbeiterfamilien, aber auch lesbische, transgender oder schwarze Studierende, schüchterne Studierende, die manchmal nur zufällig etwas, meist gar nichts sagen, möglicherweise freier agieren. Schließlich kann Entkörperlichung auch bedeuten, weniger pendeln zu müssen. Eine Freundin im Rollstuhl, die mittlerweile Professorin für Disability Studies ist, unterstreicht in Gesprächen zwar immer wieder, dass nicht Digitalisierung, sondern Armut und Behinderung das dringlichste Thema der Disability Studies ist, dass statt Handys auszuteilen, Städte anders gebaut werden müssen, begrüßt aber diese ‚bedingte' Entkörperlichung. Denn für sie ist das Pendeln von Berlin in eine baden-württembergische Stadt noch einmal kräftezehrender als für körperlich Nicht-Behinderte. Und Digitalisierung bedeutet dann eine Erhöhung auch der Mobilität der Lehrenden und nicht nur der Studierenden.

Referenzen

Avanessian, Armen: Wir haben keinen positiven Zukunftsbegriff mehr. Armen Avanessioan im Interview. Geführt von Christoph Koch. In: *brand Eins*. Online: https://www.brandeins.de/magazine/brand-eins-wirtschafts magazin/2018/geduld/armen-avanessian-interview-wir-haben-keinen-po sitiven-zukunftsbegriff-mehr [abgerufen: 10. September 2019].

Alonso, William, Star, Paul (Hg.): *The Politics of Numbers. Population of the United States in the 1980s: A Census Monograph Series*. New York 1987.

Couldry, Nick, Mejias, Ulises: Data Colonialism: Rethinking Big Data's Relation to the Contemporary Subject. In: *Television & New Media* 20,4 (2019), S. 1–14, Online: https://doi.org/10.1177%2F1527476418796632 [abgerufen: 10. September 2019].

Doneda, Danilo, Virgilio Almeida: What Is Algorithm Governance? In: *IEEE Internet Computing*, (Juli 2016), S. 60–62.

Erlick, Eli: „Trans Youth Activism on the Internet. In: *Frontiers* 39,1 (2018), S. 73–92.

Guattari, Felix: *Die drei Ökologien*. Hg. von Peter Engelmann. Wien 1994, S. 11–50.

Hester, Helen: *Xenofemimism*. Cambridge 2018, S. 70–139.

Russel, Legacy: Glitch Feminism: An Interview with Legacy Russell. Von Russell Bennetts (21. Februar 2018), Online: https://www.berfrois.com/2018/02/glitch-feminism-an-interview-with-legacy-russell/ [abgerufen: 10. September 2019].

Kalender, Ute, Christine Holmberg: Zukünftige Datendoppel. Digitale Körpervermessungsgeräte in Kohortenstudien. In: Nils B. Heyen, Sascha Dickel, Anne Brünninghaus (Hg.): *Personal Health Science*. Heidelberg u. a. 2019, S. 91–106.

Schmechel, Corinna: „Der vermessene Mann?" Vergeschlechtlichungsprozesse in und durch Praktiken der Selbstvermessung. In: Stefanie Duttweiler, Robert Gugutzer, Jan-Hendrik Passoth, Jörg Strübing (Hg.). *Leben nach Zahlen? Selbstracking als Optimierungsprojekt?* Bielefeld 2016, S. 141–161.

Wade, Ashleigh Greene, New Genres of Being Human: World Making through Viral Blackness. In: *The Black Scholar*, 47,3 (2017), S. 33–44.

✕ Mediales Detoxing als
Mittelschichtsmantra
→ Datenkolonialismus?
✕ Sprache als unveränderte
Grundlage auch der Digitalisierung
→ Digitalisierung der Sprache
als Objekt und Methode
→ maschineller Sprachgebrauch
Google Duplex
→ Sprachentwicklung mit Alexa
führt zu Sprachwandel, welchem?
✕ Aufmerksamkeit für Aufmerksamkeit
→ Deep work
→ Eigene Lösungen entwickeln
→ Social computing

Gerhard Lauer

Gibt es digitales Lernen?

„Ich will die Universitätslandschaft revolutionieren. Nicht nur in Amerika, sondern weltweit. Das System hat sich seit Hunderten von Jahren kaum erneuert. Es ist insbesondere in den Vereinigten Staaten ein elitäres System, das Bildung für einen kleinen Kreis von Privilegierten in den Industriestaaten anbietet. Das wollen wir ändern, und damit werden wir Geschichte schreiben", so beschreibt Sebastian Thrun seine Mission einer Revolution des Lehrens und Lernens (Thrun 2015). Schon der erste, zusammen mit Peter Norvig unterrichtete Online-Kurs zur künstlichen Intelligenz hatte 2011 mehr als 160.000 Hörer aus der ganzen Welt, von denen 23.000 das Abschlussexamen gemacht haben, und war damit weltweit der größte Kurs, der bis dahin je unterrichtet worden ist. Es hat dann noch einmal einige Jahre gedauert, bis diese Art digital zu lehren, die Universitätslandschaft verändert hat. Heute gehören die von Thrun zusammen mit Peter Norvig, Andrew Ng und Jennifer Widom nach Vorbildern wie Khan Academy, Lynda.com, StackOverflow entwickelten Massive Open Online Courses (MOOCs) und verwandte Konzepte für digitales Lernen zum Alltag für Millionen von Menschen und das jeden Tag. Lernen ist selbstverständlich auch digitales Lernen geworden und Coursera, Udacity, EdX, FUN, FutureLearn, NovoEd, Iversity, J-MOOC u. a. sind so etwas wie eine Universität in, aber auch neben der Universität. In der Summe ist das zwar keine Revolutionierung der gesamten Universitätslandschaft, aber einen Anfang haben MOOCs, Augmented Reality Teaching, E- und Blended Learning und verwandte Konzepte längst gemacht (Ng & Widom o. J.).

Der Erfolg der MOOCs hat mit zwei Eigenschaften des digitalen Lernens zu tun. Es ist skalierbar und es kann sowohl als Teil universitärer Kurse und hier zumeist in der Form eines Blended Learning genutzt werden wie außerhalb von Universitäten im Bereich der Weiterbildung. Trotz solcher und ähnlicher Erfolge sind Nutzen und Nachteil des digitalen Lernens weiterhin umstritten. Reden die einen von den Vorteilen der Personalisierung des Lernens, angepasst an individuelle Lernfortschritte, betonen die Möglichkeiten eines orts- und zeitflexiblen Lernens besonders im Bereich der Weiterbildung oder die Chancen, barrierefreier zu lernen und immer auch die Notwendigkeit, die neuen, gesellschaftlich nachgefragten Fähigkeiten im Umgang mit Daten, Informationen und

Wissen erwerben zu können, so verweisen die Kritiker auf die notorische Ablenkung durch digitale Medien, die fehlende Infrastruktur gerade auch in Schulen, benennen die mangelnde Ausbildung von Lehrern im Umgang mit den neuen Medien und den geringen Nutzen für das Lernen selbst. Was die einen Personalisierung nennen, ist den anderen Kontrolle des Einzelnen. Solche und ähnliche Debatten um den Nutzen von Instrumenten zum verbesserten Lernen sind nicht eben neu. Von Plato über den Nürnberger Trichter bis zu Skinners automatisierten Lehrer bestimmen konventionalisierte Argumente die Diskussion, ob Schrift, Bücher, Filme oder Sprachlabors nützlich für den Unterricht seien. Ein Vergleich heutiger Debatten beispielsweise mit Paul Saettlers *A History of Instructional Technology* von 1968 gibt einen Eindruck, wie wenig grundsätzlich Neues die gegenwärtigen Diskussion um das digitale Lernen den älteren Diskussionen der 60er Jahre hinzugefügt haben und wie selten Querläufer wie damals Gordon Pask (Pask 1961) und seine Kritik des Behaviorismus waren und es heute Visionäre wie Sebastian Thrun sind. Die Diskursivierung der Debatten mit ihren Routinen, wenn nicht Dramatisierungen der Argumente und Meinungen um das digitale Lernen bestimmen gleichwohl wesentlich mit, was unter digitalem Lernen verstanden werden kann und sind insofern entscheidungsrelevant (Selwyn, Pangrazio 2019). Sie verstellen dabei, was das für ein Lernen ist, das unter den Bedingungen der Digitalisierung zu entwickeln ist. Im Folgenden argumentiere ich, dass auch das digitale Lernen seinen Ausgang bei der Psychologie des Lernens nehmen muss und dann alle Gründe hat, das digitale Lernen zu kultivieren.

1

Lernen ist ein höchst sozialer Prozess, und das hat erst einmal nichts mit Instrumenten, Werkzeugen und Maschinen zu tun, sondern mit Evolution und Entwicklungspsychologie. Unter den Homininen, von denen wir die letzte, überlebende Population sind, haben wir im Lauf der Trennung von anderen Primaten vor ca. sechs Millionen Jahren die Nische eines sehr ausgeprägten kooperativen Verhaltens besetzt. Gemeint ist mit dieser „Ultra-Kooperativität" des Menschen (Tomasello 2019, 11) dessen Fähigkeit zur gemeinsamen intentionalen Aufmerksamkeit, in der wir die Perspektive anderer übernehmen können und auf diese Weise unser eigenes Wissen über die Welt erweitern können. Schon neun Monate alte Säuglinge können eine gemeinsame Aufmerksamkeit mit anderen herstellen, um dadurch die Sprache ihrer Umwelt zu lernen. Mit drei Jahren sind sie in der Lage, die Erwartungen anderer an sich selbst in ihr Handeln einzubauen und so eine kollektive Intentionalität für ihre Selbstregulation auszubilden. Die Welt der Menschen ist vom ersten Monat an voller Intentionen, nicht nur der eigenen Absichten, sondern auch der anderer, die zu verstehen und mit eigenen Wahrnehmungen und Absichten abzugleichen sind.

In der Tradition von Lew Wygotski und Jerome Bruner haben schon in den 70er Jahren Psychologen wie Colwyn Trevarthen (Trevathen & Hubley 1978) begonnen, das reiche emotionale Leben der kindlichen Aufmerksamkeit für andere zu entdecken und damit gegen die damals dominierenden, egozentrischen Theorien Freuds und Piagets die alterozentrische Persönlichkeit von Kindern aufzuzeigen (Bråten 2007). Kinder lernen in den ersten Monaten ihre Emotionen mit anderen abzustimmen, können bald schon gemeinsame, kognitive Aufmerksamkeit mit anderen teilen und schließlich zwischen dem zweiten und sechsten Lebensjahr auch symbolische Konversationen nutzen, um komplexe Intersubjektivität herzustellen. Für das Lernen ist das zentral, denn wir lernen so gezielt von anderen und vermögen früh schon zu unterscheiden, von wem zu lernen sich mehr lohnt als von anderen. Von ‚natürlicher Pädagogik' ist deshalb die Rede, weil wir wie von selbst lernen und dafür unsere soziale Welt zu verstehen versuchen (Csibra & György 2009).

Indem wir Objekte und Wissen gemeinsamer Aufmerksamkeit herstellen, entsteht ein Common Ground, den man auch Kultur nennen kann. John Searle hat diese Zusammenhänge prägnant zusammengefaßt:

> Collective intentionality presupposes [...] a sense of others as more than mere conscious agents, indeed as actual or potential members of a cooperative activity [...] The biologically primitive sense of the other person as a candidate for shared intentionality is a necessary condition of all collective behaviour and hence of all conversation. (Searle 1990 414 f)

Gemeinsames Verhalten auszubilden, Sprache zu entwickeln und stabile Institutionen des Lernens aufzubauen, das alles basiert auf der kollektiven Intentionalität des Menschen, die für uns auch im 21. Jahrhundert bestimmend bleibt. In dieser historisch langen Perspektive sind Schulen und Universitäten institutionalisierte Formen der natürlichen Pädagogik und auch digitales Lernen ist es, so lange der alte Adam bzw. die alte Eva aus demselben krummen Holz geschnitzt ist wie in den Jahrtausenden zuvor.

2

Wir lernen von denen, die etwas besser können, geübter sind oder schon länger eine Tätigkeit ausüben. Das erklärt, warum wir wählerisch sind, von wem wir lernen. Als Kinder lernen wir eher von Älteren und lernen seltener von Gleichaltrigen, Jüngeren oder denjenigen, deren Fähigkeiten wir als weniger geschickt einschätzen. Als Ältere suchen wir weiterhin die Sachkundigeren, Erfahreneren und Geübteren auf, um von ihnen zu lernen. Das ist der Grund, warum Hunderttausende von einem so sachkundigen Lehrer wie Sebastian Thrun lernen wollen. Lernen ist darum genau besehen nicht selbstgesteuert, sondern ein höchst sozialer Vorgang des Intentionsabgleichs, bei dem das Selbst seine Umwelt danach bewertet, wo sich das Lernen lohnt, ein Vorgang, der seinerseits gelernt werden muss. Vor diesem Hintergrund wundert es nicht, dass John Hattie in seiner zu Recht vieldiskutierten Metastudie *Visible Learning* von 2008 zu dem ernüchternden Befund kommt, dass ein großer Teil pädagogischer Konzepte wie offener Unterricht, Team Teaching, aber auch Faktoren wie Klassengröße, Hausaufgaben, (digitale) Schulausstattung nachrangig für den schulischen Lernerfolg sind, nicht aber die Befähigung des Lehrers oder der Lehrerin und deren sichtbaren Anstrengung zu lehren und selbst zu lernen (Hattie 2008). Wer lehrt, das zählt, vor allem dessen oder deren Fähigkeit, das eigene Lehren seinerseits selbst zu befragen, das Lernen also sichtbar zu machen, gerade auch für die, die von ihm oder ihr lernen. Wie jemand selbst lernt, ist Vorbild für diejenigen, die von ihm lernen.

Lernen wird sichtbar erstens durch Wiederholung. Da wir so rasch so vieles wieder vergessen, brauchen wir das Üben, gleich ob es um höhere Mathematik, erste Schritte des Lesens oder das Erlernen, ein Klavier zu spielen, geht. Keine Digitalisierung kann uns diese Anstrengung abnehmen. Lernen braucht den persönlichen Einsatz, die Mühe und die Anstrengung. Zweitens wird Lernen sichtbar, wenn es eine Herausforderung ist, etwas zu wissen und zu können, was man vorher nicht verstanden und nicht zu handhaben wusste. Das schließt Misserfolge und den produktiven Umgang mit Fehlern ein. Lernen muss daher nicht möglichst leicht gemacht werden, sondern herausfordernd gestaltet werden. Erst dann wird das Lernen zu einem Erlebnis von Zufriedenheit, etwas bewältigt zu haben, was man zuvor nicht konnte. Und drittens wird Lernen sichtbar in einem positiven Gegenüber von Lehrenden und Lernenden. Wer etwas lernen möchte, braucht nicht einen Lernbegleiter, sondern das, was Hattie einen „change agent" nennt, jemand, der etwas

sicher weiß und gut kann, der ermutigt, mit Fehlern produktiv umzugehen und die Anstrengung der Wiederholung zu einem bewussten und
verantwortungsvollen Miteinander macht (Beywl & Odermatt 2019).

Ein Beispiel für das Lernen im Sinne der natürlichen, sichtbaren
Pädagogik ist der Leseerwerb. Er ist anders als der Spracherwerb nicht
angeboren, sondern allein kulturell vermittelt. Kinder beginnen Lesen zu
lernen, in dem ihnen vorgelesen wird und das möglichst früh schon von
möglichst kompetenten Lesern, zu denen ein Zutrauen besteht. Wenn
Mütter oder Väter vorlesen, dann stellen sie eine gemeinsame Aufmerksamkeit her, benutzen einen reicheren Wortschatz, komplexere
Grammatik wie etwa Komplementsätze, nutzen neue diskursive Formen
und bringen viele Dinge zur Sprache, die nicht zur direkten Umgebung
von Kindern gehören. Eltern machen also von sich aus das Erlernen des
Lesens zu einer herausfordernden, nicht zu einer leichten Aufgabe, zu
einer Aufgabe der wiederholten Anstrengung. Sie lenken immer wieder
die Aufmerksamkeit auf das, was wissenswert ist, machen die Welt
komplizierter und stellen dabei einen Common Ground her, der dann für
das eigene Lesen und auch das eigene Schreiben so wichtig ist. Nicht
zufällig gehört auch heute der Bildungsgrad der Mutter zu den stärksten
Prädikatoren für den Lernerfolg von Kindern. Kinder aus sozial schwächeren Familien, die weniger Wörter gehört haben, weniger Grammatik
aufgenommen und weniger über die Welt schon gelernt haben, tun sich
schwerer mit dem Lesen lernen, denn Texte zu verstehen, setzt Weltwissen voraus. Wenn Wörter fehlen und damit Weltwissen, wird Lesen
lernen schwieriger. Man spricht mit Recht auch von der ‚frühen Kata-
strophe' eines geschätzten Unterschieds von mehrere Millionen Wörtern,
die Dreijährige schon gehört haben oder eben aufgrund sozialer Be-
nachteiligung bzw. Bildungsferne nicht gehört haben und dann auch
nicht kennen und können (Hart & Risley 2003). Lesen zu lernen ist dort
keine herausfordernde und daher dann auch so befriedigende Herausforderung. Daher ist der pädagogische Ansatz auch so fatal gerade für
Kinder aus sozial schwächeren Familien, der Lesen als abstrakte Kompetenz auffasst und Schulbücher mit austauschbaren Übungstexten ver-
sieht statt mit Texten, die das Weltwissen von Kindern gezielt erweitern.
Kinder lernen nicht Kompetenzen, sondern Wissen, wie Natalie Wexler
jüngst in ihrer Kritik des amerikanischen Bildungssystems scharfsinnig
argumentiert hat (Wexler 2019). Was als Tatsachen zu wissen bedeutsam
ist, das sagt einem nur die soziale Welt. Auch diese Regularien des
Lernens gelten für das digitale Lernen unverändert.

3

Computer und Internet können die soziale Welt nicht ersetzen, aber sie können sie unterstützen, ja verstärken. Die Facebook-Lerngruppe gehört zu den sinnvollen Verstärkungen des Lernens ebenso hinzu, wie eine Augmented Reality, die leibhaft vor Augen und Ohren führt, wie beeindruckend elegant sich Grauwale bewegen und miteinander kommunizieren, ohne dass deren Lebenswelt zur direkt erfahrbaren Welt der Kinder gehören muss. Vom schon fast sprichwörtlichen „Lehrer Schmidt", dem Mathematiklehrer auf *YouTube* für Tausende von Kindern, den Nerdfightern um die Brüder Hank und John Green, die in wöchentlichen Videoblogs Millionen Jugendlichen erklären, was in Syrien passiert oder wie es zum Ersten Weltkrieg kam, bis zu den KI-Kursen von Sebastian Thrun sind digitale Medien sehr gut geeignet, mehr über die Welt, ihre Tatsachen und deren Zusammenhänge zu lernen. Das hängt mit einer Eigenschaft des Digitalen zusammen. Sie macht Lernen sichtbarer, also gerade nicht leichter, sondern herausfordernder. Denn jetzt sind neben die bisher etablierten Institutionen des Lernens eine schier unendliche Zahl weiterer Lernorte entstanden, die vielerlei Formate nutzen, um über noch mehr Sachverhalte zu unterrichten. Das macht das digitale Lernen zugleich unübersichtlich. Unklar ist jetzt, wo ich am besten für mein Lerninteresse den geeigneten Ort finde. Lernen muss daher in einer digitalen Gesellschaft noch stärker als bisher thematisiert werden. Es ist nicht so selbstevident, wie es die Schulen und Universitäten für uns (geworden) sind. Das digitale Lernen wird daher zuerst und von nicht wenigen als Ordnungsverlust wahrgenommen. Ich weiß nicht, wo und bei wem ich am besten lerne. Der hohe Orientierungsbedarf erzeugt eine reiche Anschlusskommunikation, so sagen es Soziologen wie Armin Nassehi (2019). Digitale Gesellschaften sind daher Gesellschaften in der permanenten Selbstbeobachtung und Selbstthematisierung, um diesem wachsenden Orientierungsbedarf gerecht zu werden.

Das lässt sich besonders gut auch für das digitale Lernen beobachten. Dass unsere Jugend nicht mehr lesen und schreiben könne und für die Universitäten nicht mehr ausreichend gebildet sei, gehört zu den Routinen der Selbstthematisierung. Was dabei aber übersehen wird, ist, wie Nassehi mit Recht betont, die Ordnungsbildung, also die vielen neuen Wege zu lernen. Wenn daher vom digitalen Lernen gesprochen wird, dann muss von einer intensivierten Sichtbarkeit des Lernens die Rede sein. Die Rhetorik von der Erleichterung des Lernens durch die Digitalisierung ist irreführend. Wer digital lernt, muss dies reflektierter tun als noch unter analogen Bedingungen. Damit wird die Herausforderung des Lernens sichtbarer. Aber gelingen wird das digitale Lernen nur dann, wenn positive soziale Beziehungen dieses Lernen bestimmen. Ohne ein Gegenüber, das einem den Spiegel vorhält, ohne dabei zu verletzen oder entmutigen, weiß man nicht, von wem man lernen soll, was zu lernen lohnt und wie eigene Stärken und Schwächen einzuschätzen sind. Der sichtbare ‚change agent' wird für das digitale Lernen noch wichtiger.

Daher profitieren vom digitalen Lernen gerade diejenigen besonders viel, die gelernt haben, bei wem sie zuschauen und mitschreiben oder mitrechnen müssen. MOOCs werden besonders erfolgreich von Gruppen wie Lehrer und Ingenieurinnen genutzt (Emanuel 2013). Die Abschlussraten der Kurse liegen im Medianwert bei 12,6 Prozent bei einer sehr hohen Schwankungsbreite (Jordan 2015). Wer zu lernen gelernt hat, wird in digitalen Lernumwelten besonders gescheit weiter lernen können. Das liegt daran, dass Lernen in einer digitalen Gesellschaft die metakognitiven Fähigkeiten braucht, das Lernen beobachten zu können, eine Fähigkeit, die eben nicht von allen eingeübt wird. Das digitale Lernen tendiert daher dazu, die Klugen klüger und die nicht so Klugen dümmer zu machen, ein Effekt, den der Ökonom Sherwin Rosen schon Anfang der 80er Jahre mit Blick auf die durch neue Kommunikationstechnologien ausgelösten Verdichtung von kulturellem und ökonomischem Kapital auf Wenige als „Superstar-Effekt" bezeichnet hat (Rosen 1981).

Damit nicht nur die schon Gescheiten und Gelehrten von den erweiterten digitalen Möglichkeiten des Lernens profitieren, gibt es eine Reihe von Notwendigkeiten, um digitales Lernen ein Lernen für viele zu machen und damit selbstverständlich in den Lernalltag einzubringen. Es beginnt mit ganz undigitalen Dingen wie der Ermutigung, dass jeder Lernen kann und dass Neugierde der Beginn des Wissens ist, reicht von den kostenfreien Sprachkursen *Duolingo*, die der guatemaltekische Informatiker Louis van Ahn entwickelt hat, über die *Our Story*-App der Open University zur Entwicklung der narrativen Fähigkeiten von Kindern (Kucirkova, Messer & Sheehy 2019) bis zu E-Mailsystemen, die Eltern in den Lernprozess einbinden. Man fasst diese Möglichkeiten des Lernens auch unter dem Begriff des digitalen Gerüstbaus zusammen, dem Digital Scaffolding, das den sozialen Prozess des Lernens unterstützt. Solches Gerüstbauen setzt auf ganz unterschiedlichen Ebenen des Lernens an, bei den Zugängen zum Lernen, der Lernunterstützung im engeren Sinne und bei den weiteren sozialen Umwelten des Lernens, die das

Lernen zu einer nachhaltig wirksamen Erfahrung machen. Abstrakter gesagt geht es um die sozialen Prozesse 1. der Herstellung von geteilter Aufmerksamkeit, 2. dem aktiven Engagement in das Lernen, 3. der Rückmeldung über Gelingen und Fehler und 4. der Verfestigung des Gelernten (Dehaene 2018). Auf jeder dieser Ebenen können digitale Werkzeuge das Lernen unterstützen. Aufmerksamkeit braucht Wachheit, Orientierung und exekutive Kontrolle, die als digitales Lernen nur gelingt, wenn es einen herausfordernden Lerngegenstand zeitlich fokussiert umkreist, Ablenkung durch andere digitale Möglichkeiten minimiert wie etwa die Apps von *Teach on Mars* und spielerische Erprobungen des Lerngegenstandes ermöglichen. Das Gelernte anzuwenden und das nicht nur lebensnah, sondern auch in fiktiven Umwelten, braucht Übungen und dann auch die Unterstützung durch geübtere Lehrende, wie es viele MOOCs heute schon anbieten. Weil Fehler zum Lernen dazu gehören, denn Lernen beruht auf Annahmen und Vermutungen, braucht das Lernen einen Umgang mit Fehlern, der nicht entmutigt, etwa durch Personalisierung des Lernfortschritts, durch Belohnungen nicht nur der richtigen Antworten, sondern auch des herausfordernden Dabeibleibens im Lernen und des beharrlich, verbessernden Umgang mit Fehlern. Die Punktsysteme sind da nur ein, freilich schon gängiger Weg, das Lernen ganz einfach zu belohnen. Schließlich ist die Festigung des Gelernten durch Wiederholung des Gelernten in Übungsrunden, durch die regelmäßige Wiederholung älteren Stoffs, durch projektspezifische Aufgabenstellungen, die eine Werkstrasse von Wissen brauchen, um gelöst werden zu können und die gestufte Wiederholung der Themen, die dem jeweils Lernenden bis dahin noch zu schwer waren, notwendig, damit Lernen auch unter digitalen Bedingungen gelingt (Willcox, Sarma & Lippel 2016). Digitales Lernen muss also für die Lernenden wie Lehrenden besonders gut sichtbar sein.

4

Das digitale Lernen ist ein Lernen im Netz und die ganze Welt ein Klassenzimmer. Es braucht nicht zwingend Universitäten und Studiengänge. Idealisiert könnte jeder von den Besten der Welt lernen. An diesem Ideal eines weitgehend selbstgesteuerten Lernens will Sebastian Thrun mit guten Gründen das digitale Lernen messen. Tatsächlich erreicht er damit zuerst die Klugen. Die Digitalisierung macht auch hier die eher Privilegierten schlauer, die wissen, bei wem sie im Netz am besten lernen. Denn mit der Digitalisierung des Lernens skaliert nicht gleichermaßen die kollektive Intentionalität. Man muss schon wissen, dass man bei Sebastian Thrun sehr viel über künstliche Intelligenz lernen kann. Das digitale Lernen braucht ja deutlich mehr institutionelle Abstützung, um Zutrauen in die Verlässlichkeit des Lernens zu sichern. Genau das leisten Universitäten. Sie sind institutioneller Garant kollektiver Intentionalität, ohne die Lernen nicht gelingen kann. Sie machen Lernen sichtbar. Intentionalität skaliert nicht mit der Digitalisierung. Kein Zufall, dass MicroMaster-Studiengänge Online-Lernen und Campus-Präsenz verknüpfen. Universitäten sind gerade unter den Bedingungen der Digitalisierung Marken, deren Name sicherstellt, dass hier Gescheites gelernt werden kann. Zu diesem institutionalisierten Vertrauen gehört dann auch eine verlässliche und skalierbare Infrastruktur. Wer die Debatten um die European Open Science Cloud oder um Konzepte für eine Schul-Cloud auch nur ansatzweise kennt, weiß, wie aufwändig und schwierig es ist, große, dauerhafte und damit vertrauenswürdige Infrastrukturen zu betreiben, damit die Welt ein Klassenzimmer wird. Es wäre naiv zu glauben, mit der Digitalisierung hielte eine flache, selbstbestimmte Lernumwelt Einzug. Digitalisierung bedeutet immer auch funktionale Ausdifferenzierung und korreliert mit Komplexitätssteigerungen, die institutionell abgefedert werden. Daher steht zu erwarten, dass mit den exponentiell angewachsen Chancen des digitalen Lernens funktionale Komplexitätssteigerungen einhergehen. Die digitale Selbstermächtigung des Lernens zu behaupten und die flache Welt des selbstangeleiteten Lernens zu versprechen, ist naiv. Entdifferenzierungsphantasien sind für das digitale Lernen nicht angemessen.

Die Revolutionierung der Universitätslandschaft, von der Sebastian Thrun spricht, hat kaum angefangen und ihre Folgen werden bislang nur ansatzweise besprochen. Noch unterrichten Universitäten Digital Literacy nur vereinzelt, gehört eine Einführung in digitale Lernwelten nur selten zur Ausbildung von Physiklehrerinnen oder Geschichtslehrern. Computergestützte, kollaborative Weisen des Lehrens sind nicht Teil des Routinelehrplan an Schulen und Hochschulen. Aber die vielen, die heute schon mit MOOCs lernen, über Twitter fachwissenschaftliche Entwicklungen diskutieren, digitalisierte Bibliotheken benutzen oder auf GitHub ihre Scripte teilen, haben längst angefangen, das Lernen zu verbessern und dafür digitale Mittel zu nutzen. Damit wird die Welt nicht einfacher, sondern eher modern, und das heißt komplexer und selbstreflexiver, auch und gerade dort, wo es um das Lernen geht. Hier war zu zeigen, dass die Konzeptualisierung des digitalen Lernens gut daran tut, die Psychologie des Lernens und die Logik der Digitalisierung im Blick zu behalten, zumindest so lange, wie der Chip im Kopf nur eine Science Fiction-Geschichte ist. Universitäten haben ihre Zukunft noch vor sich.

Referenzen

Bråten, Stein: *On Being Moved. From Mirror Neurons to Empathy*. Amsterdam, Philadelphia 2007.

Beywl, Wolfgang, & Miranda Odermatt: Luuise – ein Verfahren zur Qualitätsentwicklung in Schule und Unterricht. Lehrpersonen unterrichten und untersuchen integriert, sichtbar und effektiv. In: *Schulgestaltung – Konzepte, Befunde, Perspektiven*. Hg. von Ulrich Steffens und Peter Posch. Münster 2019, S. 213–232.

Csibra, Gergely, & Gergely György: Natural Pedagogy. In: *Trends in Cognitive Sciences* 13,4 (2009), S. 148–153.

Dehaene, Stanislas: *Apprendre! Les talents du cerveau, le défi des machines*. Paris 2018.

Emanuel, Ezekiel J.: Online Education MOOCs taken by Educated Few. In: *Nature* 503,342 (2013), DOI:10.1038/503342a.

Hart, Betty, & Todd Risley: The Early Catastrophe. The 30 Million Word Gap by Age 3. In: *American Educator* (2003) 4–9, Online http://www.aft.org/sites/default/files/periodicals/TheEarlyCatastrophe.pdf   [abgerufen: 11. September 2019].

Jordan, Kathy: Massive Open Online Course Completion Rate Revisited. Assessment, Length and Attrition. In: *International Review of Research in Open and Distributed Learning* 16,3 (2015), Online: https://doi.org/10.19173/irrodl.v16i3.2112 [abgerufen: 11. September 2019].

Kucirkova, Natalia, David Messer, & Kieron Sheehy: Investigating the Effectiveness of the Our Story App to Increase Children's Narrative Skills. In: Edy Veneziano, Ageliki Nicolopoulou (Hg.): *Narrative, Literacy and Other Skills. Studies in Intervention*. Amsterdam, Philadelphia 2019, S. 245–261.

Nassehi, Armin: *Muster. Theorie der digitalen Gesellschaft*. München 2019.

Ng, Andrew, & Jennifer Widom: Origins of the Modern MOOCs. (o.J.) Online: http://www.robotics.stanford.edu/~ang/papers/mooc14-OriginsOfModernMOOC.pdf [abgerufen: 11. September 2019].

Pask, Gordon: *An Approach to Cybernetics*. Hutchinson 1961.

Hattie, John: *Visible Learning. A Synthesis of over 800 Meta-Analyses Relating to Achievement*. London 2008.

Rosen, Sherwin: The Economics of Superstars. In: *American Economic Review* 71,5 (Dezember 1981), S. 845–858, Online: https://www.uvm.edu/pdodds/files/papers/others/1981/rosen1981a.pdf [abgerufen: 11. September 2019].

Saettler, Paul: *A History of Instructional Technology*. New York 1968.

Searle, John: Collective Intentions and Actions. In: Cohen, Philipp, Jerry Morgan, & Martha Pollack (Hg.): *Intentions in Communication*. Boston 1990, S. 401–415.

Selwyn, Neil, & Luci Pangrazio: Digital Media in Higher Education. In: *The International Encyclopedia of Media Literacy.* Hg. von Renee Hobbs und Paul Mihailidis. Bd. 1. Hoboken/NJ 2019, S. 362–375.

Sebastian Thrun im Gespräch. In: *Frankfurter Allgemeine Zeitung* (11. Januar 2015), Online: https://www.faz.net/aktuell/wirtschaft/menschen-wirt schaft/sebastian-thrun-im-gespraech-ueber-seine-online-uni-udacity-13363384.html [abgerufen: 11. September 2019].

Tomasello, Michael: *Becoming Human. A Theory of Ontogeny.* Cambridge, London 2019.

Trevathen, Colwyn, & Paul Hubley: Secondary Intersubjectivity. Confidence, Confides and Acts of Meaning in the First Year. Andrew Lock (Hg.): *Action, Gesture and Symbol.* New York 1978, S. 183–229.

Wexler, Natalie: *The Knowledge Gap. The Hidden Cause of America's Broken Education System – And How to Fix it.* New York 2019.

Willcox, Karen, Sanjay Sarma, Philip Lippel: *Online Education. A Catalyst for Higher Education Reforms. MIT Online Education Policy Initiative. Final Report.* Boston 2016, Online: https://jwel.mit.edu/assets/document/online-educa tion-catalyst-higher-education-reforms [abgerufen: 11. September 2019].

DIESEN STEIN BENÜTZTE DIE HL. MECHTILDIS ALS KOPFUNTERLAGE ZUR BUSSE UND ABTÖTUNG. BEI KOPFLEIDEN WIRD DERSELBE STEIN VON GLÄUBIGEN BERÜHRT U. HEILUNG ERFLEHT

Jürgen Hermes

Vision als Prozess. Gedanken zur Zukunft der Hochschule im Spiegel der Trias *Mensch – Maschine – Zukunft*

Die Mensch-Maschine ist der Titel des Albums, das die in ihren Einfluss auf die Entwicklung der elektronischen Musik nicht zu überschätzende Band *Kraftwerk* im Frühjahr 1978 veröffentlichte. Inzwischen hat auch der Digitalexperte Sascha Lobo seine wöchentliche Kolumne bei Spiegel Online entsprechend benannt. Die Arbeit an der Mensch-Maschine-Interaktion ist darüber hinaus eine der zentralen Herausforderungen meines wissenschaftlichen Heimathafens, der Computerlinguistik. Auch wenn es bei mir also viele Berührungspunkte mit diesem Begriffspaar gibt, halte ich es doch für bemerkenswert, dass es sich – ob das nun auf zufälligen Koinzidenzen oder sich gegenseitig bedingenden, mir aber nicht weiter bewussten Prozessen beruht – in den Bezeichnungen für gleich drei meiner akademischen Projekte in diesem Frühjahr (also 41 Jahre nach der Veröffentlichung des *Kraftwerk*-Albums) zu drei verschiedenen Begriffstripeln kombiniert findet. In der Konsequenz halte ich das Begriffspaar für gut geeignet, darin einen Spiegel meiner Hochschule der Gegenwart zu suchen, um darüber zu meinen Gedanken zur Hochschule der Zukunft zu kommen.

1 – Tier – Mensch – Maschine

Gemeinsam mit meinem Kollegen Øyvind Eide hielt ich im Mai 2019 einen Vortrag zum Thema *Kommunikation: Tier – Mensch – Maschine*, in dem wir Verständigungsprozesse dieser drei Akteursklassen auf ihre Gemeinsamkeiten und Unterschiede hin thematisierten. Der Vortrag war der Beitrag unseres Instituts für Digital Humanities zur Ringvorlesung *Experiencing Agency*, in der interdisziplinäre Perspektiven auf die Anthropologie der Geisteswissenschaften aufgezeigt wurden. Diese Vorlesung hatte einerseits das Ziel, Studierenden und Promovierenden einen multidisziplinären Zugang zum Thema zu ermöglichen, andererseits wurde sie auch initiiert, um im Kreis der Kolleginnen und Kollegen der Philosophischen Fakultät der Universität zu Köln anschlussfähige Forschungsinteressen identifizieren zu können. Mein Interesse weckte das von uns gewählte Thema über den Ansatz, Besonderheiten der menschlichen Sprachfähigkeit aus der Differenz zu anderen Verständigungssystemen herzuleiten. Verglichen mit Kommunikationssystemen von Tieren nimmt die menschliche Sprache zwar ohne Zweifel eine Sonderstellung ein, die Unterschiede scheinen aber eher gradueller Natur als tatsächlich wesenhaft zu sein. Ich habe dazu bereits 2013 einen Blogpost mit dem Titel *Über Sprache und Tierkommunikation* (Hermes 2013) veröffentlicht, den ich für den ersten Teil des Vortrags durch den Einbezug aktueller Forschungsergebnisse erweiterte. Bezüglich künstlicher Rechenmaschinen stellt sich die Kommunikationssituation indes völlig anders dar: Untereinander verständigen sich Maschinen durch von Menschen erdachte und mehr oder weniger festgezurrte Protokolle. Die Verständigung mit Menschen (wenn man das überhaupt so nennen will) funktioniert wiederum nur über von Menschen erdachte Programmierschnittstellen bzw. – in Gestalt persönlicher Assistenten wie Siri oder Cortana – über eine Kombination regelbasierter Gesprächsablaufanweisungen mit über Deep-Learning-Technologien realisierter Spracherkennung und -verarbeitung. Der Vortrag näherte sich dem Gegenstand über den Rückgriff auf unterschiedliche Disziplinen an, darunter Linguistik, Anthropologie, Biologie (vor allem Primatenstudien), Ansätze der Künstlichen Intelligenz und Studien zu Netzwerkarchitekturen. In meinen Augen sind derartige interdisziplinäre Ansätze sowohl prägend für gegenwärtige Forschungsvorhaben, als auch weisend für die Zukunft. Dafür sehe ich unterschiedliche Gründe. Vor allem stellen umfangreiche Förderprogramme vermehrt Ansprüche an die Interdisziplinarität. Eine zentrale Rolle spielt hierbei auch die Digitalisierung von Forschungsdaten: Um nicht für jede Forschungsfrage die Untersuchungsobjekte erneut digitalisieren zu müssen, sollten schon bei der Digitalisierung weitere mögliche Zugänge auf die Daten mit in Betracht gezogen werden, nicht nur diejenigen, die in einem konkreten Forschungsvorhaben benötigt werden. Um die Wiederverwertbarkeit zu gewährleisten, sind Standardisierungen notwendig, welche die Ansprüche unterschiedlicher Fachbereiche berücksichtigen müssen und mithin nur multidisziplinär erarbeitet werden können.

2 – Sprache – Mensch – Maschine

Das zweite Projekt unter dem Label Mensch-Maschine ist die jüngst im September 2019 erschienene und von mir mit ehemaligen Kollegen herausgegebene Festschrift anlässlich der Emeritierung von Prof. Jürgen Rolshoven mit dem Titel *Sprache – Mensch – Maschine* (Mensching et al. 2019). Dieser Titel wurde von uns Herausgebern bereits vor einiger Zeit festgelegt. Wer schon einmal eine Festschrift organisiert hat, mag abschätzen können, wie lange sich die Arbeit an einem solchen Projekt mit vielen verschiedenen Akteurinnen und Akteuren hinziehen kann. Das gewählte Begriffstripel erschien uns damals als das passendste, um das wissenschaftliche Lebenswerk unseres gemeinsamen Doktorvaters auf prägnante und treffende Weise zu referenzieren. Schon innerhalb seines Studiums der romanistischen Sprachwissenschaft in den 70er Jahren bezog Rolshoven computerlinguistische Ansätze intensiv mit ein, um Sprache immer auch über die Schnittstelle Mensch-Maschine zu analysieren. Die *Sprachliche Informationsverarbeitung* (Computerlinguistik) etablierte sich im Vergleich zu anderen computationellen Geisteswissenschaften schon recht früh. Rolshoven kombinierte sie mit einer *Historisch-Kulturwissenschaftlichen Informationsverarbeitung*, was 1997 zur Einführung eines der ersten Digital Humanities (DH) Studiengänge überhaupt führte. Den Begriff DH gab es damals so noch gar nicht, inzwischen ist er fest verankert und eine Reihe Universitäten richten entsprechend benannte Studiengänge ein. Im Juli 2017 – fast 20 Jahre nach Einführung ihres Studiengangs – gründete die Philosophischen Fakultät der Universität zu Köln schließlich das *Institut für Digital Humanities* (IDH), dessen Geschäftsführer ich inzwischen sein darf. Dass diese Institutionalisierung eine sehr lange Zeitspanne umfasste, am Ende aber erfolgreich durchgeführt wurde, zeigt, dass Hochschulen, wenn sie denn wollen, neue Entwicklungen aufgreifen können, dafür bisweilen jedoch etwas Zeit benötigen.

3 – Mensch – Maschine – Zukunft

Die dritte Mensch-Maschine dieses Jahres kündigte sich dann schließlich durch Einladung zur Dießener Klausur *Mensch – Maschine – Zukunft* an, in deren Nachklang eben auch der vorliegende Essayband entstand. Die Klausur sandte Anfang Mai 2019 ihre 24 Teilnehmerinnen und Teilnehmer ins etwas abgelegene, wunderschön instandgesetzte Kloster

Dießen am Ammersee, auf dass sie sich dort Denkräume schaffen, um aus
der gegenwärtigen, durch die Digitalisierung durchgeschüttelten
(Hochschul-)Bildung Schlüsse für gangbare Wege des Bildungssystems in
eine hoffentlich bessere Zukunft zu entwickeln. Das ist nun nicht allein
aufgrund der Vielzahl an unterschiedlichen, sich gegenseitig durchdrin-
genden Aspekten des Bildungssystems eine Herkulesaufgabe, für die ein
Wochenende kaum ausreichen dürfte, sei die Umgebung auch noch so
stimulierend. So war es auch nicht das Ziel, am Ende der Klausur ein
gemeinsames Kommuniqué präsentieren zu können. Stattdessen setzten
die vier Veranstalter (Marko Demantowsky, Gerhard Lauer, Robin
Schmidt und Bert te Wildt) darauf, durch die Kombination diverser
Digital- und Bildungsexpertinnen und -experten in teilweise experi-
mentellen Gesprächsformaten möglichst unterschiedliche Aspekte und
Perspektiven auf die Themen einzufangen. Zu den Formaten zählten
Reihen von Fünf-Minuten-Statements mit anschließender gemeinsamer
Aussprache, Ateliers mit festem Thema, aber unterschiedlicher Zusam-
mensetzung der Diskutanten sowie Live-Interviews, die auf Periscope
gestreamt wurden. Dazu kam ein inspirierendes Rahmenprogramm, eine
ebenfalls live gesendete Talkshow zum Thema, ein Orgelkonzert im
Marienmünster und vor allem Möglichkeiten zur Diskussion in den
großzügig bemessenen Verpflegungspausen und an den Abenden. Die
Atmosphäre der Räumlichkeiten und der Umgebung des Kloster Dießen
schufen den erhofften gemeinsamen Denkraum im besten Sinne. In
diesem Denkraum wurde ein *Prozess* angestoßen, der die einzelnen
Teilnehmerinnen und Teilnehmer ihre Gedanken und Perspektiven mit
denen der anderen Teilnehmerinnen und Teilnehmer abgleichen ließ,
auf dass sie diese weiterentwickelten und schließlich in dem vorliegenden
Essayband münden ließen.

4 – Evolutionäre Prozesse

Das Konzept des Prozesses war auch zentrales Element meines Fünf-
Minuten-Statements, zog ich es doch als Begründung heran, weshalb ich
nicht, wie eigentlich verlangt, über meine Vision zur Hochschule in 20
Jahren reden konnte. Da ich immer gerne die Meta-Ebene mit einbe-
ziehe, redete ich zunächst über den Entwurf meines Statements. Nach
mehreren Evolutionsstufen ist daraus schließlich der Text geworden, der
in diesem Essayband erscheint. Die Rohfassung, von der fast nichts mehr
übrig ist, entwarf ich auf der Zugfahrt nach Dießen, eine zweite Version

am (sehr) frühen Sonntagmorgen der Klausur; während des Statements habe ich Stellen verworfen, andere überlesen und weitere Beispiele hinzugefügt. Ich machte mir Notizen in der Aussprache und als ich wieder zuhause war, schrieb ich einen Blogartikel zur Klausur (Hermes 2019), in dem ich wiederum eine angepasste Version des Statements unterbrachte. Schließlich nahm ich mehrfache Anläufe zur Erstellung der Fassung für den Essayband, die ich fast rechtzeitig einreichte, schließlich kamen noch die finalen Überarbeitungen hinzu. Es liegt auf der Hand, dass ich zum Zeitpunkt des ersten Entwurfs unmöglich hätte sagen können, wie der Text der endgültigen Druckfassung aussehen würde. Aber ich hatte zumindest Leitlinien bei der Abfassung. Zu den ursprünglichen Leitideen sind weitere Gedanken hinzugekommen, andere weggefallen. Am Ende stand ein völlig anderer Text als am Anfang. Natürlich wurde dieser Prozess auch von Rückmeldungen der anderen Klausurteilnehmerinnen und -teilnehmer beeinflusst, letztlich war er aber vor allem das Produkt eines einzelnen Individuums (hier: mir).

In den verschränkten gesellschaftlichen Subsystemen Bildung und Hochschule existiert dagegen eine Vielzahl von Individuen mit eigener Agenda und Akteuren mit teils lose definierten Rollenprofilen, hinzu kommen wechselnde Ansprüche der Umwelt/Gesellschaft. Jede noch so kleine Änderung hat unmittelbare und teilweise nur sehr schwer vorhersagbare Auswirkungen auf die Gesamtsysteme und die Ansprüche, die an bestimmte Akteure gestellt werden. Darüber hinaus ist man gezwungen – will man die Subsysteme modifizieren – in den laufenden Betrieb einzugreifen, kann man doch keine parallele Struktur aufbauen, mit der man die alte ersetzt, wenn jene vollendet ist.

Nur ein einzelner Aspekt der Veränderung betrifft die Digitalisierung. Ich hatte in einem der Ateliers der Klausur gehört, dass die Digitalisierung von manchen als Übergangsprozess hin zu einem Endzustand verstanden wird. Irgendwann seien für alle Bedürfnisse die perfekten Tools entwickelt und in diesem Zug die Digitalisierungsherausforderung bewältigt. Ich denke nicht, dass dieses Szenario jemals eintreten wird, da es immer wieder neue, noch bessere Tools für immer wieder neue, heute noch gar nicht absehbare Herausforderungen zu entwickeln gilt. Der Prozess der Digitalisierung wird nicht irgendwann enden, sondern auch Teilbereiche ergreifen, bei denen heute noch niemand an eine Digitalisierung denkt. Auf welchen Pfaden das geschehen wird, ist schwer bis überhaupt nicht zu prognostizieren.

Dass ich es für unmöglich halte, eine Hochschule in 20 Jahren vorherzusagen, heißt allerdings nicht, dass erst gar keine Visionen entwickelt werden dürften und man sich in kleinteiligem Stopfen von Löchern erschöpfen sollte. Vielmehr halte ich es für ratsam, Leitlinien zu identifizieren, an denen schrittweise Veränderungen (progressiver: Verbesserungen) festgemacht werden können. Diese Linien, an denen sich das Vorgehen entlanghangeln soll, müssen selbstredend verhandelt werden. Jeder Schritt hat schwer vorhersagbare Konsequenzen, die im nächsten Schritt mitgedacht werden müssen, aber man kann beständig evaluieren, welche Konsequenzen die vorgenommenen Änderungen hinsichtlich der Leitideen haben.

Ich habe oben zwei der Leitideen, die ich befürworten würde, bereits genannt: Verstärkte Interdisziplinarität und Dynamik in der Schaffung neuer und in der Anpassung bestehender Institutionen. Eine weitere, wichtige Leitlinie ist für mich ein Konzept der akademischen Offenheit (besser eingefangen im englischen Begriff *Open Science*), das auch in den Statements anderer Teilnehmerinnen und Teilnehmer thematisiert wurde: So mahnte Sara Lisa Vogel Offenheit im Sinne von Diversität an. Monika Stiller brachte ein, dass öffentlich geförderte Wissenschaft für die Öffentlichkeit zugänglich publiziert werden sollte. Und dies sollte auch dann gelten, wenn Roland Reuß alle sechs Monate in der *Frankfurter Allgemeinen Zeitung* dagegen anschreiben darf (leider konnten wir Jürgen Kaube nicht fragen, weshalb das so ist: er war zur Klausur eingeladen, doch leider kurzfristig verhindert). Offenheit meine ich aber auch im Sinne von „Kommunikation des Unfertigen", die von Kathrin Passig in die Klausur geworfen wurde, eben weil nicht nur die ohnehin veröffentlichten gelungenen Forschungs(end)ergebnisse interessant sind, sondern auch Ausgangsdaten, Zwischenergebnisse und vor allem Fehlschläge einen nicht zu unterschätzenden wissenschaftlichen Wert haben. Im besten Fall sollte das gesamte Reputationssystem der Wissenschaften mit der Leitlinie Open Science abgestimmt werden.

Eine letzte Leitidee, die ich hier anführen möchte, ist die der Kollaboration. Hochschulen sind in der Lage, Menschen zu verbinden. Es mag Studierende geben, welche die Fähigkeit besitzen, sich so gut wie alles selbst beibringen zu können. Andere sind auf ein unterschiedliches Maß an Betreuung angewiesen. Personalintensive Betreuungen sind mit hohen Kosten verbunden, gut ausgestattete Universitäten können diese für eine begrenzte Anzahl Studierender leisten. Kollaboration kann aber auch zwischen Studierenden gefördert werden, etwa durch die Einrichtung von Begegnungsstätten und Makerspaces, wie sie Linda Breitlauch auf der Klausur vorstellte und wie wir sie auch am IDH in Köln nutzen. Im Gegensatz zu Online-Kursen können derartige Lernmethoden, die auf physische Präsenz der Studierenden und Lehrenden setzen, von traditionellen Hochschulen exklusiv angeboten werden. Ob die Universitäten dann ortsgebunden bleiben oder am Ende die Bildung als Roadshow aufziehen, was Christoph Kappes als seine Vision ins Spiel brachte, ob das System irgendwo anders hin evolvieren wird, ist für mich noch nicht abzusehen. Aber das empfinde ich nicht als Makel.

Referenzen

Hermes, Jürgen: Über Sprache und Tierkommunikation. In: *TEXperimenTales* (2013), https://texperimentales.hypotheses.org/744 [abgerufen: 11. September 2019].

Hermes, Jürgen: Hausaufgabe: Weltverbesserung #DKMMZ19. In *TEXperimenTales* (2019). https://texperimentales.hypotheses.org/3515 [abgerufen: 11. September 2019].

Mensching, Guido Jean-Yves Lalande, Jürgen Hermes, Claes Neuefeind (Hg.): *Sprache – Mensch – Maschine. Beiträge zu Sprache und Sprachwissenschaft, Computerlinguistik und Informationstechnologie.* Köln 2019, https://kups.ub.uni-koeln.de/9849/ [abgerufen: 11. September 2019].

Dießener Klausur
Mensch|Maschine|Zukunft

Marina Weisband

Wie Veränderung gelingt

Bei der Dießener Klausur wurde deutlich, was auf vielen solchen Veranstaltungen deutlich wird: Wenn wir über „Digitalisierung von X" sprechen, sprechen wir eigentlich über X an sich. Das ist beim Thema der digitalen Hochschule nicht anders. Den Digitalisierungsprozess zu hinterfragen bedeutet gleichsam, die Institution zu hinterfragen. Ihre Zeitgemäßheit, ihre Gerechtigkeit, ihre Effektivität, ihre Effizienz, ihre Durchlässigkeit. Die Digitalisierung ist in diesem Sinne eine einmalige Gelegenheit, viele Institutionen unserer Gesellschaft mit einem frischen Blick zu betrachten und zu verändern. Denn das erfordert der Umbruch von der Industriegesellschaft zur Informationsgesellschaft: beinahe alle Institutionen müssen sich ändern. Dieser Text befasst sich also damit, wie Veränderung einer Bildungsinstitution gelingen kann. Doch eigentlich ist die Problemlage für alle möglichen Arten von Veränderung ähnlich.

Denn was der Digitalisierung im Bildungsbereich im Weg steht, ist nicht das Geld. Es ist auch nicht eine strikte Ablehnung des Digitalen an sich als Teufelszeug, obwohl das von einzelnen Akteurinnen und Akteuren immer wieder kommt. Es ist eher die Natur der Digitalität, die mit dem Wesen der Institution in Konflikt tritt. Schauen wir uns also in einem ersten Schritt die Natur der Digitalität kurz an.

In einer Welt, in der jede Information jedem Menschen praktisch ohne Hürden zugänglich ist, verlieren Bildungsinstitutionen ihre Torwächterfunktion in Bezug auf Information. Wissen wird dezentraler verteilt. Es gibt also keine so zentralen Deutungshoheiten mehr, wie noch im letzten Jahrhundert. Während es deutlich leichter ist, Menschen zu erreichen, ist es deutlich schwerer, alle Menschen zu erreichen. Durch das Leben in einer digitalisierten Welt wächst die Autonomie der Einzelnen. Diese autonomeren Einzelnen stellen nun also an Bildungsinstitutionen den Anspruch, demokratischer zu sein, beeinflussbarer und individueller zugeschnitten auf die eigenen Bedürfnisse. Die dezentralen Lernstände, Interessensgebiete und Ziele der Ausbildung bedeuten dabei bisweilen auch eine Rollenumkehr; in speziellen Teilgebieten sind die Lernenden größere Expertinnen oder Experten als die Lehrenden. Kommunikation verändert sich ebenfalls. Sie wird weniger formell, häufiger, niedrigschwelliger, unfertiger.

Alles Genannte tritt in Konflikt mit einer Rolle, die die Hochschule in der deutschen Gesellschaft gespielt hat und noch heute spielt. Sie ist nämlich ein Ort der Abgrenzung, der Distinktion: Der Ungebildeten von den Gebildeten, der Studierenden von den Doktorierenden und von den Professorinnen und Professoren. Obwohl sich das von Hochschule zu Hochschule und von Fach zu Fach unterscheidet, ist das Bestehen auf Titeln, gewissen Konventionen und Status in der Academia berüchtigt. Unter anderem durch formalisierte Abschlüsse und eine eigene, absichtlich distinguierte Sprache erfüllt die Hochschule die Funktion, gesellschaftliche Schichten voneinander zu trennen. In dieser Eigenschaft steht sie der Digitalisierung diametral entgegen.

Die Schwierigkeit der Anpassung besteht also nicht, wie häufig zitiert, in einem Mangel an Zeit oder an finanziellen Mitteln oder an Konzepten. Die größte Schwierigkeit – diese Erfahrung zieht die Autorin aus ihrer eigenen praktischen Arbeit in der Digitalisierung verschiedener Bildungsinstitutionen – liegt in den Rollen. Wie sehen Lehrende sich? Wie sehen sie Lernende? Wie werden Konzepte von Autorität, Respekt und Kontrolle implizit auf das eigene Handeln angewendet? Wir alle haben eine Vorstellung davon, was unsere Rolle in der Gesellschaft ist. Die Rolle von „Professor" ist geprägt von Jahrzehnten des Beobachtungslernens, damit auch von inneren Schemata, die einem selbst oft gar nicht bewusst sind. Der Akt, sich von einem Studierenden etwas beibringen zu lassen, oder unfertige Folien zu zeigen, oder Kolleginnen bzw. Kollegen per Tweet um Rat zu fragen, konfligiert mit der Erfüllung dieser Rolle. Je mehr Autorität einer Rolle zugeschrieben wird, desto schwieriger fällt es der Inhaberin oder des Inhabers einer Rolle, etwas Unfertiges oder Unperfektes zu präsentieren. Dies ist aber, was die Digitalität abverlangt.

Die wirkliche Veränderung der Institution kann also nicht von der Institution selbst ausgedacht werden. Es ist fast unmöglich, das System Hochschule mit digitalen Mitteln zu reproduzieren. Jedenfalls würde das eine völlig sinnfreie Übung sein. Digitalisierung der Bildung bedeutete nie, dass man die Bücher jetzt als PDF auf dem Tablet liest. Wirkliche Veränderung hin zu Digitalisierung muss von der Seite der Anforderungen der digitalen Welt gedacht werden. Sie reformiert die gesamte Institution. Dies bedeutet zwei gangbare Möglichkeiten: entweder man tauscht alle Menschen aus, die in der Institution arbeiten – oder man reformiert die Menschen mit.

Die Frage lautet also nicht: „Wie digitalisieren wir Arbeitsprozesse?" sondern „Wie verändern wir Rollenbilder?". Das ist keine einfache Angelegenheit. Je länger Menschen gelernt haben, wie eine Rolle zu erfüllen ist, desto fester sind ihre Überzeugungen zu diesem Thema. Deshalb hat das Lehramtsstudium beispielsweise einen verhältnismäßig kleinen Einfluss darauf, wie Lehrerinnen, wie Lehrer sind und unterrichten – denn sie alle haben 13 Jahre Beobachtungslernen in einer prägenden Phase hinter sich. Das Schulsystem verändert sich deshalb am langsamsten von beinahe allen Bereichen der Gesellschaft. Sollen Rollenbilder verändert werden, müssen sie aufgebrochen werden. Dies funktioniert am besten, wenn man sie in einen radikal anderen Kontext setzt. Hat man als Dozentin einen klassischen Seminarraum vor sich, springt man fast automatisch in das Schema eines klassischen Seminars, wie man es kennt. Steht man stattdessen in einer Eissporthalle, mit demselben Ziel, Seminarinhalte zu vermitteln, muss man sich dafür mehr oder weniger neue Schemata aufbauen. Eine Veränderung des Raumes, der genutzten Medien, der Lernenden oder der Inhalte sind alles hilfreiche Mittel zur Erarbeitung neuer Konzepte.

Ein zweiter Weg ist es, die Beteiligten in ein neues Umfeld zu versetzen. Zusätzlich zu ihrer Arbeit in der Bildungsinstitution an sich sollten sie die Zeit haben, auch andere Institutionen zu erfahren und darin zu arbeiten, wo Digitalisierungsprozesse sich sowohl auf technischer, als auch auf sozialer Ebene bereits vollzogen haben. Hier können neue Schemata für die eigene Arbeit übernommen werden.

Der Kernpunkt bei diesen und ähnlichen Ansätzen besteht darin, allen Beteiligten zu jeder Zeit ein Gefühl der Verantwortlichkeit und der Steuerung des Veränderungsprozesses zu geben. Menschen werden sich immer gegen jeden Prozess wehren, in dem sie selbst Objekt sind. Von außen zu kommen und zu erklären, dass sich die Institution jetzt verändern werde und man sich selbst mit ihr zu verändern habe, ist selten von Erfolg gekrönt. Es sollte vielmehr Aufgabe eines klugen Change Management sein, zusammen mit dem gesamten Kollegium und allen Beteiligten auszuarbeiten, wie eine Vision der Zukunft aussehen könnte. Dies sollte möglichst außerhalb der eigenen Räume und Strukturen geschehen. Alle müssen sich nicht nur mitgenommen fühlen, sondern müssen tatsächlich Gestalterinnen und Gestalter der Veränderung werden.

Dem allen geht natürlich der wichtigste Faktor voraus: der Veränderungswille. Ist dieser nicht bei einer kritischen Menge der Akteure gegeben, kann der Prozess überhaupt nicht gelingen. Und hier ist Bildungs-, Aufklärungs- und Überzeugungsarbeit geboten. Deshalb ist Digitalisierung in erster Linie Beziehungsarbeit. Die Beteiligten, allen voran die Beteiligten mit Autorität, müssen verstehen, dass für sie die

Abgabe eines Teils dieser Autorität in der Tat eine Arbeitserleichterung darstellt. Das Menschenbild, dass Lernende eine im Wesentlichen chaotische Masse sind, die es zu kontrollieren gilt, damit sie etwas lernen – eine vor allem in der Schule weit verbreitete Ansicht –, muss verändert werden hin zu einem Bild von Lernenden, die verantwortliche Partnerinnen und Partner im Lernprozess sind. Ihnen stellt man die eigene Erfahrung, die Fähigkeit zur Einordnung, das eigene Wissensnetzwerk als Ressource zur Verfügung. Dies macht die eigene Arbeit interessanter und – nach allem, was wir aus der Psychologie über Lernen wissen – auch sehr viel fruchtbarer. Es ist ein Menschenbild, das für ein digitalisiertes Lernen absolut zentral ist. Denn sonst läuft Digitalisierung des Lernens auf eines hinaus: einen höheren Stromverbrauch und mehr Überwachung von Lernenden und Lehrenden.

Die eigene Rolle in der Welt zu verändern, gehört zu den schwierigsten Aufgaben, die ein Mensch leisten kann. Dennoch sind wir in den nächsten Jahren darauf angewiesen, dass Menschen dies massenhaft tun. Denn die Informationsgesellschaft drängt uns, dass wir Bildung völlig neu denken. Dieser Prozess kann gelingen, aber nur, wenn alle mitgenommen werden und als Gestaltende ernst genommen werden. Eine gute Faustregel für Organisationsentwicklung ist in diesem Zusammenhang: Wenn es einfach ist, machen Sie es falsch.

Bert te Wildt

Überlegungen und zehn Thesen zur Bedeutung der Hochschulen im Zuge der digitalen Revolution

Dieser Essay geht von der Grundannahme aus, dass die Hochschulen bei der Gestaltung der digitalen Revolution eine tragende Rolle einnehmen können und sollten. Die Verantwortung, die ihnen in diesem Prozess zukommt, ist überragend. Inmitten des paradigmatischen digitalen Wandels kann es allerdings nicht allein darum gehen, die bisherigen Formen und Inhalte von Bildung und Forschung einfach zu digitalisieren. Sie bedürfen vielmehr einer grundsätzlichen Transformation, damit die Hochschulen nicht nur die Zukunft gestalten können, sondern um selbst überhaupt eine Zukunft haben.

Deshalb dürfte es einerseits viel zu kurz gegriffen sein, wenn man ausschließlich aus den bisherigen, größtenteils sehr engen Strukturen heraus versucht, den Anforderungen der Digitalisierung irgendwie gerecht zu werden. Andererseits ist es ebenso wenig damit getan, disruptiv alle Hochschulstrukturen preiszugeben und ultimativ zu zerschlagen. Wenn bei dem digitalen Transformationsprozess Bewahrendes und Innovatives miteinander zu verbinden sind, gleicht das im Anspruch einer Quadratur des Kreises. Diese Anforderung erfordert deshalb die Fähigkeit, sich auf den Weg zu machen und mit der Arbeit zu beginnen, obwohl für viele Teilaufgaben noch lange keine Lösungen in Sicht sind und die Entwicklungsziele noch gar nicht in Gänze vorstellbar sein können. Dies auszuhalten braucht den Mut, immer den ganz großen Wurf, wenn schon nicht im Blick, so doch in der Vorstellung zu haben. Aber sie bedarf auch der Bescheidenheit, den Auswüchsen der Zerstörungswut digitaler Disruptivität zu widerstehen. Letztere führt bisweilen längst dazu, die Existenzberechtigung von Bildungseinrichtungen im Allgemeinen und Hochschulen im Besonderen komplett in Frage zu stellen.

Hier wird von der Prämisse ausgegangen, dass wir Hochschulen mehr denn je brauchen, gerade weil sie die beste Expertise dafür bieten, Tradiertes und Innovatives sinnvoll miteinander in produktiver Dissonanz und Resonanz zu bringen. Dies gelingt ihnen nicht zuletzt gerade deshalb, weil sich Wissenschaft im besten Falle immer wieder selbst in Frage zu stellen vermag. Kein ultimatives Ziel zu kennen, immer im Fluss zu sein und sich deshalb auch in Bescheidenheit zu üben, gehört zu ihrem Wesen. Widersprüchlichkeit und Widerständigkeit in der Freiheit von Forschung und Lehre auszuhalten, ist ihre Kernkompetenz. Dazu gehört es auch – heute gerade mehr denn je –, dass nichts so unbeständig ist, wie das gerade vermeintlich gesicherte Wissen von heute.

Allerdings dürfte nichts die Wissenschaft weiter voranbringen als die digitale Revolution, man denke nur an die moderne Genetik und die Neuroinformatik. Jenseits der Forschung scheint aber auch kaum etwas die Hochschullandschaft und ihre Bildungsaufträge so sehr in Frage zu stellen, wie die Digitalisierung. Wenn es also um die ganz großen Würfe aus einer noch ziemlich nebulösen Umgebung geht, dann müssen Thesen her. Dieser Essay beinhaltet Vorschläge für zehn solcher, vielleicht hilfreicher Arbeitshypothesen, dies ohne Anspruch auf eine ultimative Treffsicherheit, geschweige denn auf Vollständigkeit.

1

Die Hochschulen selbst müssen zu Inkubatoren der digitalen Revolution werden. Für eine so zukunftsorientierte Veranstaltung wie das Hochschulwesen muss die Angst vor dem Neuen geringer ausfallen, als die Angst etwas Neues zu verpassen. Insofern steht es außer Frage, dass es der Hochschule hauptsächlich darum gehen könnte, die Digitalisierung vornehmlich zu bremsen. Sie muss es sich vielmehr selbst zum Ziel machen, die digitale Revolution in die Hand zu nehmen und zu gestalten. Dies kann nicht allein der Wirtschaft überlassen werden. Diese würde es auch ohne die Hochschulen tun, dann aber ohne Regulativ. Denn auch die Politik ist auf Impulse der Wissenschaft angewiesen, um die Digitalisierung in gute Bahnen zu lenken. Wer etwas mitgestalten will, muss allerdings eigene Triebkräfte einbringen. Die Hochschulen als Institutionen und alle ihre Fachdisziplinen sollten den Digitalisierungsimpuls aufnehmen und selbst weitertragen, dies aber nicht aus wirtschaftlichem Interesse, sondern aus dem Durst nach Erkenntnis und der Überzeugung, dass es Mensch und Natur zum Guten gereichen könnte. Dafür bedarf es nicht nur der Natur- sondern auch der Geisteswissenschaften.

2

Die Hochschulen müssen wieder zu wirtschaftlich und politisch unabhängigen Thinktanks werden. In ihren besten Zeiten und in den progressivsten Gesellschafen fungierten Universitäten stets als herausragende Impulsgeber für gesellschaftliche Entwicklungen. Ihre Universalität und ihre Unabhängigkeit versetzen sie in die Lage, in weit offenen Spielräumen und weit vorausdenkenden Horizonten zu denken und zu experimentieren, um die gesellschaftliche Entwicklung schließlich auch auf der Handlungsebene voranzubringen. Dies geht soweit, dass in der Vergangenheit von Universitäten sogar Revolutionen ausgegangen sind, dies freilich sowohl aus ihnen heraus als auch aus ihrer Peripherie.

In den letzten Jahrzehnten scheinen diejenigen Denkfabriken, von denen ein revolutionärer Impact ausgeht, eher im Sektor der Wirtschaft zu verorten zu sein, ursprünglich vor allem im sogenannten militärisch-industriellen Komplex und nun vor allem in der IT-Branche, insbesondere in ihrem Epizentrum, dem Silicon Valley. Die ökonomische Dimension der digitalen Revolution schien zunächst untrennbar verbunden mit dem, was wir heute unter globalem Neoliberalismus verstehen. Es braucht kaum betont zu werden, dass sich demokratische Gesellschaften nicht darauf verlassen können, dass der Markt auch das politische Geschäft gut zu regeln vermag. Vor dem, was Gesellschaften und Staaten zusammenhält, machen die global operierenden IT-Giganten allerdings nicht Halt, wenn sie nach immer fundamentaleren Disruptionen trachten. Längst haben sich beispielsweise an den Hochschulen vorbei Bildungseinrichtungen entwickelt, die das Versprechen in sich tragen, Studiengänge besser, innovativer und effizienter zu gestalten. Und immer mehr Heranwachsende und Unternehmen scheinen ihnen das auch zuzutrauen. Es wird Zeit, dass sich die Universitäten ihre Kernkompetenz als Thinktanks zurückholen und sich daraus ihre Existenzberechtigung sichern. Ob dies gelingt, dürfte entscheidend davon abhängig sein, in wie weit die Unterschiede und Gemeinsamkeiten zu den Thinktanks der Industrie transparent herausgearbeitet werden können. Dazu ist es wichtig, dass die Universitäten erstens budgetär in die Lage versetzt werden, um kluge Köpfe zu konkurrieren, frei zu forschen, um sich zweitens aber auch mit dem Entdeckten und Entwickelten irgendwann auch ökonomisch unabhängig machen zu können, ohne dass die Universitäten – und das ist die größte Schwierigkeit dabei – am Ende in erster Linie zu Inkubatoren für die heißesten Startups werden, die dann wiederum von den IT-Riesen einverleibt werden.

3

Die digitale Transformation der Hochschulen sollten zuvorderst die Themen
Erziehung und Bildung in den Fokus nehmen. Schlimm genug, dass sich die
Hochschulen so viel an denkerischem Potential abnehmen lassen.
Schlimmer aber noch wiegt, dass sie ihr früheres Monopol für höhere
Bildungswege an die Digitalwirtschaft zu verlieren drohen, die längst die
alten Hochschulen infiltrieren oder eigene neue eröffnen. Wenn man
davon ausgeht, dass all das, was die Menschheit seit Jahrhunderten an
Wissen und Erfahrung zu Erziehung und Bildung generiert hat, mit der
Digitalisierung nicht einfach obsolet wird, darf auch hier von einer
Kernkompetenz oder gar von einem Hoheitsgebiet ausgegangen werden.
Eine der vornehmlichsten Aufgaben der Hochschulen ist es daher, das
Lehren, und damit auch das Bilden und Erziehen, zu lehren. Insofern
erscheint es als sinnvoll und notwendig, die Digitalisierung zuvorderst in
diesen Bereichen konsequent ins Visier zu nehmen. In diesem Zusammenhang wird besonders für die pädagogischen Fachdisziplinen die
Notwendigkeit der Verzahnung von Forschung und Lehre besonders
evident. Es geht hier um wichtige Kernfragen, die weit für alle Fächer auf
die eine oder andere Art und Weise auch relevant sein dürften: In wie
weit oder bis zu welchen Alter ist Pädagogik abhängig von einer möglichst unmittelbaren zwischenmenschlichen Beziehungsdimension, wie
beispielsweise auch die Medizin und Psychotherapie? Welche Rolle
spielen die Präsenz, der Körper und die Sinne, beim Lernen von Kindern,
Jugendlichen und Studenten? Wie unterscheiden sich analoges und digital vermitteltes Lernen im Erreichen von Lernzielen? Können mit Hilfe
von Gamification und Serious Games bessere Lerneffekte erzielt werden?
Die Bewältigung welcher Entwicklungsaufgaben lässt sich digitalisieren
und welche sollten vielleicht trotzdem weiter in der Hand des Menschen
verbleiben? Und vor allem was muss der heranwachsende Mensch
überhaupt noch lernen, welches Wissen und welche Kompetenz, wenn
künstliche Intelligenz und Robotik beim Denken und Handeln immer
mehr assistieren und übernehmen?

In letzter Konsequenz dürfte es eine der wichtigsten Aufgaben – vor
allem, aber nicht allein – der pädagogischen Hochschulen werden, her-
auszuarbeiten, was wir an Kulturtechniken und Wissen im Sinne von
Sicherungskopien und Backups bestenfalls noch im Menschen anlegen
sollten, was also auch dann noch zur Verfügung stehen sollte, wenn das
Netz und damit im Zweifelsfall alle digitalen Medien ausfallen oder in die
falschen Hände geraten. Um den digitalen Impuls an der entscheidenden

Stelle mitzunehmen und Multiplikatoreneffekte zu schaffen, letztlich aber auch um überhaupt diejenigen zu erreichen, die schon in der digitalen Revolution groß werden, bedarf es hier rasch einer größtmöglichen Anstrengung. Dabei geht es ganz konkret darum, die private und professionelle pädagogische Orientierungslosigkeit angesichts der digitalen Bildungsoffensiven zu überwinden, aber auch darum, den Hochschulen das Überleben zu ermöglichen, damit sie nicht am Ende von der Ökonomie in feindlicher Übernahme in ihrem Wesen disruptiv vernichtet werden.

4

Die Verflechtung von Wissenschaft und Wirtschaft muss so weit wie möglich transparent gemacht werden und ihre Entflechtung vorangetrieben werden. Damit die Hochschulen eine Chance haben, als eigenständige Instanzen im Rahmen von demokratischen und liberalen Gesellschaften zu existieren, bedarf es klarer Grenzen zwischen den Systemen. Das heißt natürlich nicht, dass es nicht zu Kooperationen und Kollaborationen zwischen Universitäten und Akteuren der Wirtschaft kommen darf, aber es bedarf klarer Spielregeln, unter welchen Bedingungen diese zustande kommen und umgesetzt werden dürfen. Und es bedarf einer konsequenten Transparenz für die Bürgerinnen und Bürger sowie Kontrollinstanzen, um sicherzustellen, dass die im Auftrag der Gesellschaft agierenden Universitäten auch wirklich in ihrem Sinne operieren.

5

Der ausufernden Metrisierung und Ökonomisierung von Wissenschaft ist Einhalt zu gebieten. Die Ökonomisierung der Hochschullandschaft hat viele Gesichter. Wirtschaftliche und metrische Bemessungsgrundlagen haben überall Einzug gehalten. Nur was zahlenmäßig messbar und/oder digitalisierbar ist, scheint noch Bestand zu haben. Wenngleich sich eine Renaissance qualitativer Forschungsansätze zumindest erahnen lässt, ist die Quantifizierbarkeit zum entscheidenden Bewertungsmaßstab von Wissenschaft geworden. Forschung, die nicht direkt oder indirekt einem ökonomischen Ziel dient, wird immer fragwürdiger. Und die Bemessungsgrundlage mit mehr als fragwürdigen Impact-Faktoren und ähnlichen Auswüchsen treibt unter der Prämisse einer vermeintlichen Ob-

jektivierung bizarre Auswüchse, wobei sich auch hier längst ökonomische Interessen von Wissenschaftsverlagen als Motoren von Fehlent-
wicklungen andienen. Wie in der Wirtschaft setzt sich längst in der
Wissenschaft nicht mehr notwendigerweise das Sinnvolle und Bedeutsame durch, sondern das was Punkte und/oder Geld bringt. Viel zu wenig
wird dabei also das Normative bedacht, welches die digitale Metrisierung
der Welt mit sich bringt.

Wissenschaft und Lehre gehen mehr denn je unabhängige Wege. So
wie die Forschung immer mehr individuellen Interessen der Forschenden
und der (potentiellen) Firmengründerinnen und -gründer dient, so sollen
Studiengänge heute vor allem auf die Arbeit vorbereiten. Fragen, die den
Ernst des Lebens jenseits der individuellen Erwerbstätigkeit und damit
auch kollektive Fragen beispielsweise zu Gesellschaft und Politik betreffen, sie werden kaum noch in den Universitäten gestellt.

6

Die Geisteswissenschaften müssen gestärkt werden. Es bedarf neben den Naturwissenschaften, zu denen letztlich auch die Informatik gehört, dringend einer neuerlichen Stärkung der Geisteswissenschaften. Viele
Gründe können für den Eindruck geltend gemacht werden, dass die
Geisteswissenschaften in der Hochschullandschaft um ihre Existenzberechtigung ringen müssen. Die beschriebene Metrisierung und Ökonomisierung der Hochschulen dürften nur einen Teil der Entwicklung
erklären. In diesem Zusammenhang kann man auch an den vermeintlichen Niedergang des Sozialismus und den vermeintlichen Sieg des Kapitalismus denken, der nicht nur den Neoliberalismus an die Hochschulen
getragen hat, sondern den Universitäten auch etwas an Diskursivität
genommen hat. Die Beantwortung der entscheidenden Fragen der
Menschheit lässt sich vielleicht nicht mit Zahlen oder Geld erledigen.
Dies gilt beispielsweise für Fragen nach dem Wesen des Menschen, nach
den Regeln der Zwischenmenschlichkeit im Kleinen und Großen, dies
gilt ebenso für viele ethische und ästhetische Fragen, letztlich philosophische Fragen. Jenseits des Zählbaren werden gerade die Geisteswissenschaften dazu in der Lage sein, Fragen zu stellen und Antworten zu
suchen, welche Werte und Normen die digitale Revolution überdauern,
um nicht zu sagen, überleben werden.

7

Die Ethikkommissionen und Datenschutzgremien sollten gestärkt werden, damit sie Vorlagen und Referenzrahmen für Politik und Wirtschaft liefern können. Die Fragen, die die naturwissenschaftliche Forschung mit Hilfe der Digitalen Technologien aufwirft, kann sie nicht selbst beantworten. Ohne die Digitalisierung sind beispielsweise die bahnbrechenden Erkenntnisse von Hirnforschung und Genetik gar nicht vorstellbar. Was allein diese beiden Bereiche an Herausforderungen hinsichtlich Biotechnologie, Robotik und Künstlicher Intelligenz bieten werden, wird die Welt vor gravierende Probleme stellen. Wir sollten längst darüber hinaus sein, als Gesellschaft etwas voranzubringen, nur weil es machbar ist und ökonomisch sinnvoll erscheint. Andere Fragen der Nachhaltigkeit im Hinblick auf das Zusammenleben von Mensch und Natur, sie können lediglich unter Hinzuziehung der Geisteswissenschaften beantwortet werden. Sie müssen dahingehend nicht nur erhalten, sondern auch gefördert und weiterentwickelt werden, insbesondere die Philosophie und ihre Derivate. Ethikkommissionen im Allgemeinen und Datenschutzgremien im Besonderen müssten an den Hochschulen eine herausragende Stellung und eigenständige Formatierung bekommen. Sie müssten zu Instanzen reifen, deren Tätigkeitsfeld weit über die Hochschulforschung und -lehre hinausgeht, Leuchttürme müssten sie sein, Vorbilder aber auch Korrektive, dies insbesondere im Hinblick auf Politik und Wirtschaft. Verantwortung ist neu zu verstehen und umzuverteilen. Letztendlich geht es dabei um die Frage, wer in und nach der digitalen Revolution Verantwortung übernimmt.

8

Die Hochschulen haben sich besonders mit der Frage zu beschäftigen, was von Erde und Mensch nach industrieller und digitaler Revolution übrigbleiben sollte. Die vornehmliche Aufgabe, Hüterin und Wächterin von ethischen Überlegungen und Entscheidungsprozessen zu sein, würde die Hochschulen auch mit dem Ziel betrauen, sich weiter mit der Frage zu beschäftigen, was den Menschen wirklich ausmacht. Diese Zielsetzung scheint jedoch mit der Digitalisierung einer Umformulierung zu bedürfen. Da es nun der individuelle Mensch selbst ist, der im Zentrum der Disruptionsversuche der Digitalisierung steht, indem er von Künstlicher Intelligenz und Robotik immer mehr ersetzt und überholt wird, geht es nunmehr um die

Frage, was denn von ihm in Zukunft eigentlich übrigbleibt. Das ist eine Frage, die im Grunde einer Kollaboration von Geistes- und Naturwissenschaft bedarf. Für die Zukunft der Hochschulen ist die Annäherung an eine Beantwortung dieser Frage essentiell, um nicht zusagen lebensnotwendig. Wir müssen die Zukunft des Menschen antizipieren, um die nachwachsenden Generationen gut darauf vorbereiten zu können. Wir müssen letztendlich angemessene Sicherungsmaßnahmen ergreifen, wenn wir feststellen sollten, dass es dem Menschen an und für sich an den Kragen geht, vorausgesetzt wir haben wirklich ein Interesse an seinem Erhalt. Den Hochschulen stünde es gut zu Gesicht, sich in dieser Hinsicht vor allem an den Schnittstellen zwischen Natur- und Geisteswissenschaften zu engagieren, um empathisch und ethisch zu handeln und daraufhin zu arbeiten, den Planeten und möglichst auch den Menschen in seiner Extistenz zu retten.

9

Die Hochschulen können Synergien von Bewahrendem und Erneuerndem schaffen. Eine solche Rettung von Mensch und Umwelt scheint längst nicht mehr denkbar ohne den Einsatz von Technologien. Bewahrendes und Erneuerndes gegeneinander auszuspielen, gilt es zu überwinden, indem konservative und innovative Impulse synergetisch und integrativ zu einem konstruktiven Ziel geführt werden. Das ist nicht notwendigerweise eine Quadratur des Kreises. Wenn sich aber überhaupt jemand mit dieser Materie auskennt, dann sind das diejenigen Wissenschaftler und Wissenschaftlerinnen, die sich mit den vermutlich anspruchsvollsten Naturwissenschaften (Quantenphysik) und Geisteswissenschaften (Philosophie) auskennen. In diesem Sinne und Zuge könnten Hochschulen neuerlich zu Glanz und Relevanz auf höchster Ebene kommen.

10

Hochschulen können zugunsten des Erhalts und der Weiterentwicklung demokratischer Prozesse und Systeme zu Vermittlern zwischen repräsentativer und direkter Demokratie werden. Zu dieser neuen Bedeutung kommen die Hochschulen allerdings nur dann, wenn sie sich selbst als revolutionäre Figuren verstehen, die über Diskursivität letztendlich zu Vermittlung und Integration finden. Neben dem Erhalt von Natur und Mensch dürften und müssten die Hochschulen Verantwortung übernehmen, wenn es um die Weiterentwicklung von Demokratien geht, vorausgesetzt sie verstehen sich nicht nur als Bestandteil sondern sogar auch als Motor demokratischer Prozesse und Systeme. Die Digitalisierung erfasst gerade disruptiv eben auch die demokratischen Gebilde, insbesondere das Prinzip der Repräsentativität. Die Parteiendemokratie gegenüber der sich gerade vornehmlich auf digitalen Wegen rührenden Zivilgesellschaft und ihren neuen Instanzen und Kräften nicht nur zu schützen, sondern sie daran wachsen zu lassen, beziehungsweise in ein gleichberechtigtes Zusammenspiel zu bringen, dies könnte auch eine Aufgabe der Hochschulen sein, sowohl indem sie darüber öffentlich nachdenken und debattieren, aber auch indem sie diese Prozesse selbst erproben und mitgestalten.

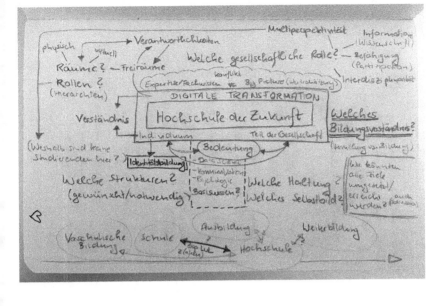

Dejan Mihajlović

Hochschule als tragende Säule von Gesellschaft

Vom 3. bis 5. Mai 2019 traf sich ein ausgewählter Personenkreis mit
unterschiedlichen Expertisen im Dießener Kloster, um über die Zukunft
der Hochschule zu diskutieren. Dieser Beitrag ist meine Zusammenfas-
sung und das Ergebnis der Gespräche und Erkenntnisse während und
nach diesen Tagen, die ich mit den Menschen aus diesem Kreis und
darüber hinaus zu der Thematik geführt habe.

1 – Was bedeutet Digitale Transformation?

Wer eine Debatte über die Zukunft der Hochschule führen möchte, kann
das nicht vom Kontext gesellschaftlicher, globaler Umbrüche und Entwicklungen lösen, die aus den komplexen Prozessen der Digitalen
Transformation resultieren. Genau darin besteht schon die erste Herausforderung: die unterschiedlichen Auffassungen der Sachlage, wie sie
zu erarbeiten und zu verstehen sind oder welche Begriffe sie am besten
beschreiben. Heißt es nun Digitalisierung oder Digitale Transformation?
Geht es um neue Technik oder einen kulturellen Wandel? Müssen alte
Strukturen verändert werden oder braucht es eine Rundumerneuerung?
Hinter jeder Frage steckt immer auch eine Perspektive und dahinter eine
persönliche Geschichte, die sich aus Wissen und Erfahrungen zusam-
mensetzt und eine Haltung generiert. Die Diskrepanz und Vielfalt bezüglich dieser Vorstellungen und Haltungen gegenüber einer Kultur der
Digitalität zeigen sich bei jeder Debatte, bei der aktuelle und zukünftige
gesellschaftliche Entwicklungen diskutiert werden, auch auf der Dießener Klausur. Sie sind der Spannungsbogen und Spielraum, indem ein
möglichst breiter Konsens ausgehandelt werden muss. Um einen ziel-
führenden Diskurs zu erreichen, bietet es sich an, zuerst eine Verständ-
nisgrundlage und Annäherung zu schaffen. Deshalb beginne ich mit einer
Begriffsklärung und einer Beschreibung der Prozesse, die bei meinen
Gedanken den Hintergrund bilden.
Es geht um die Vorgänge eines grundlegenden Wandels von kulturellen Systemen, ihren Ordnungen und Strukturen, die aus einem
weltweiten und mobilen digitalen Netzwerk hervorgehen. Die digitale
Automatisierung, die erfahrungsgemäß häufig unter der Bezeich-

nung *Digitalisierung* verstanden wird, bildet dabei ein technisches Element mit disruptivem Charakter, aber nicht den Kern der Transformation. Das lässt sich anhand des Smartphones exemplarisch verdeutlichen. Natürlich ist es eine technische Neuerung, die viele Prozesse digitalisiert und durch „smarte Apps" effizienter und effektiver gestaltet. Die durch Smartphones geschaffenen neuen Möglichkeiten der Kommunikation haben aber grundlegende kulturelle Veränderungen eingeleitet und neue Herausforderungen und Verantwortungen kreiert. Netzkultur fließt ein, prägt und interagiert mit der bisherigen Kultur. Unter Berücksichtigung dieser komplexen, weltweit miteinander vernetzten Prozesse gilt es die Hochschule von heute und morgen zu betrachten und global und lokal zu denken. Eine ergebnisoffene Analyse ist dabei gesellschaftlich notwendiger und erfolgsversprechender als das Herausarbeiten von „Mehrwerten" in einem Konstrukt scheinbarer Gegensätze.

2 – Mehr als ein Add-on

Eine der großen Parallelen bei Bildungsdebatten ist, von wem sie geführt und welche Fragen gestellt werden. Geführt werden sie in der Regel von Lehrenden, Leitungen oder anderen Beteiligten von Entscheidungsebenen, in einem exklusiven Kreis. Und eine der ersten Fragen dabei lautet meist, was es Neues braucht. Gibt es neues Wissen, das den aktuellen Bildungskanon ergänzen sollte oder eine Technik, die dazu führt? Ja und Ja, lautet die stark verkürzte Antwort auf eine einseitige Betrachtung. Natürlich gibt es sowas wie *data science* oder *digital literacy*, die am besten gleich zu Beginn eines jeden Studiums auf dem Programm stehen sollten. Selbstverständlich sind dafür auch digitale Strukturen und eine zeitgemäße Technik notwendig. Das reicht aber alles nicht aus und ist monokausal gedacht. Die Digitale Transformation ist kein Add-on, das nur zur aktuellen Software hinzugefügt wird, sondern verändert auch bereits Bestehendes in seinem Wesen. Deshalb braucht es einen Blick über die Grenzen der eigenen Institution hinaus und die Infragestellung aller bisherigen Strukturen und Prozesse. Dabei genügt es auch nicht, nur zu fragen, was gelernt wird, sondern auch wie.

3 – Neue Räume, Neues Denken

Auf der Dießener Klausur wurde diskutiert, ob es zukünftig überhaupt noch notwendig sein werde, an einem physischen Ort zusammenzukommen. Schließlich ist es jetzt schon durch digitale Settings möglich, zeit- und ortsunabhängig auf Informationen zuzugreifen, zu lernen und sich auszutauschen. Wofür braucht es dann Gebäude und das physische Aufeinandertreffen, um zu studieren? Was soll vor Ort geschehen, das (verpflichtendes) Erscheinen weiterhin begründet? In diesen Fragen steckt teilweise eine Sorge, als Institution oder als Lehrende an Bedeutung verlieren zu können oder dass beim Übertragen und Verlagern von Lernprozessen ins Digitale etwas Menschliches verloren gehen könnte. Dabei liegt gerade darin das Potenzial des digitalen Wandels: mehr das Lernen und die Lernenden in den Vordergrund zu rücken. Lernräume an Hochschulen sind alles andere als modern, in der Regel als kommunikative Einbahnstraßen angelegt und hierarchisch geprägt, sowohl architektonisch als auch strukturell. Wenn Studierende und ihre Fragen im Mittelpunkt stehen (können) sollen, erfordert das nicht nur veränderte Lernsettings, sondern auch eine Architektur, die das ermöglicht. Weshalb nicht in diesem Punkt sogar vom Lernen im Netz lernen und offene und attraktive Räume der Begegnung gestalten? Persönliche Lernnetzwerke können nicht nur online, sondern müssen auch offline ausgebaut werden. Eine Maxime unserer Zeit, global zu denken und lokal zu handeln, fordert das sogar. Vielleicht fällt es bei einer Universität der Zukunft schwer, sie von einem hippen Co-Working Space zu unterscheiden und ein Blick von außen lässt nicht klären, welche Akteure gerade Lehrende und welche Lernende sind. Die Abweichung bezüglich der Antworten, ob es Universitäten als physischen Raum in ferner Zukunft brauchen wird, resultieren nicht nur aus den anfangs geschilderten, unterschiedlichen Vorstellungen zur Digitalen Transformation. Es spielt auch eine Rolle, welches Bildungsverständnis vorliegt.

4 – Lernen, ein Spiegel des Bildungsverständnisses

Ein deutscher Bildungsweg ist chronologisch gezeichnet. Er beginnt mit der vorschulischen Bildung, geht über in die schulische, führt zu einer Ausbildung oder akademischen Bildung und endet in der Weiter- und Fortbildung. Meist sortiert und zugeordnet nach den gemessenen Fähigkeiten. Dabei herrscht ein Bildungsverständnis, Wissen aufeinander aufzubauen, wie Treppenstufen, die aufeinander folgen und die es zu erklimmen gilt, um den Tempel einer möglichst breiten Allgemeinbildung zu erreichen. In diesem Bildungsverständnis sind die Rollen klar verteilt, die Inhalte wohldosiert und der Ablauf und die Ergebnisse festgelegt. Wer sich weiterhin an dieser Idee orientiert, kann aber junge Menschen nicht dazu befähigen, Herausforderungen der Digitalen Transformation zu bewältigen und die Zukunft mündig und souverän zu gestalten. Die Komplexität globaler Probleme verlangt ein Lernen, das ergebnisoffen ist, das diverse Zugänge für alle zu Informationen gewährleistet, das einen Austausch über Fächer, Altersgrenzen oder Institutionen hinweg ermöglicht und unterstützt. Ein Lernen, das junge Menschen handlungsfähig macht, indem unter anderem ihre Selbstwirksamkeitserwartung erhöht und Resilienz gestärkt wird. Es braucht ein Bildungsverständnis, das auf einem demokratischen Fundament aufbaut und eine Haltung, die Menschen schon in jungen Jahren als Teil der Gesellschaft wertschätzt und sie an demokratischen Prozessen partizipieren lässt. Weshalb werden kaum oder gar keine Lernenden gefragt und am Brainstorming zu Bildungsfragen oder an der Entwicklung neuer Konzepte beteiligt?

Ein häufiger Konflikt beim Umgang mit Auswirkungen der Transformationsprozesse ist im Bildungsbereich die Vorstellung und Haltung, alles wissen und kontrollieren zu müssen. Es darf kein Schritt gegangen und keine Entscheidung getroffen werden, ohne dass eine Begründung vorliegt, die einen Gewinn oder eine Bereicherung erklärt. (Auch die eigene Reputation liegt dabei stets unsichtbar in der Waagschale.) Nur orientieren sich die Maßstäbe der Begründungen gerne an Zusammenhängen aus einer anderen Zeit und Welt. Deshalb ist ein Verständnis der Digitalen Transformation notwendig, indem ein Kontrollverlust Teil der Kultur ist und es nicht nur legitim ist, sondern auch dazugehört, etwas nicht zu wissen. Kathrin Passig schilderte in der Klausur die aktuelle Situation an Hochschulen so, dass es ihrem Eindruck nach eine Angst gäbe, Unfertiges, Unvollkommenes könne über das Netz sichtbar werden. Dabei kann gerade Transparenz von Prozessen eine bessere Zusammenarbeit ermöglichen, indem z.B. Fehler durch einen gemeinsamen Blick von außen früher erkannt und korrigiert werden können.

5 –Wie sieht die Hochschule der Zukunft aus?

Die Hochschule der Zukunft sehe ich als eine tragende Säule einer In-
formations- und Wissensgesellschaft. Sie bildet die (wissenschaftliche)
Grundlage des öffentlichen Diskurses und gibt Orientierung bei kon-
troversen Betrachtungen. Christoph Kappes warf in der Klausur die Frage
auf, wo sich zukünftig Wissen entwickelt. In Spaces oder an den Universitäten? Vielleicht an beiden Orten, ohne die genauen Grenzen erkennen und ziehen zu können, weil ich die Hochschule von morgen in
der Zivilgesellschaft verankert sehe, für alle zugänglich und im ständigen
interdisziplinären Austausch. Es werden Projekte angeboten und
durchgeführt, die innerhalb und außerhalb der Hochschule stattfinden
und auch hochschulexterne Expertise miteinbeziehen. Studierende (oder
Lehrende) können alle Seminare und Angebote wahrnehmen, die sie
interessieren und sind nicht an Fächer gebunden.

Die Hochschule der Zukunft muss allein deshalb ein attraktives
Angebot für Lehrende und Lernende darstellen, um der aktuellen Entwicklung entgegenzuwirken zu können, dass (Tech-)Unternehmen
vermehrt „gute Köpfe" von Hochschulen abwerben, was dazu führen
kann, dass Forschungsarbeit zunehmend einem ökonomischen Interesse
folgt und die Qualität der unabhängigen Forschung abnimmt.

Niemand weiß, welche technischen Neuerungen die Zukunft verändern werden. So wie niemand die Dynamik und weltweiten Veränderungen durch Smartphones prognostizieren konnte. Ein häufiger
Denkfehler von Visionen (bezüglich technischer Entwicklungen) liegt
darin, dass sie monokausal gedacht werden. Wenn beispielsweise bei
Präsentationen neuer Modelle Menschen AR-Brillen tragen, sich aber in
einem Auto und überholten Straßenverkehrskonzept fortbewegen.
Transformationsprozesse finden zeitgleich in allen Bereichen statt. Deshalb sind ein interdisziplinärer Austausch und eine multiperspektivische
Zusammenarbeit überall dringend erforderlich. Besonders in der
Hochschule (der Zukunft), ihrer Lehre und Forschungsarbeit. Wer die
Hochschule von morgen denken möchte, muss die Kultur von morgen
denken. Diese wird aber zunehmend komplexer.

Fragen zu stellen, als wesentlicher Bestandteil kritischen Denkens,
befähigt zur Analyse komplexer Zusammenhänge. Vielleicht spielt das
Fragen in der Hochschule der Zukunft eine größere Rolle, indem es auch
an mehr Stellen gewünscht, gekonnt und praktiziert wird. Welche
Hochschulen es in einigen Jahrzehnten geben wird, hängt aber ebenfalls
davon ab, welche Fragen Studierende, Lehrende und alle weiteren an

Hochschulen Beteiligten sich und anderen bereits heute und morgen stellen werden, welches Selbstverständnis sie pflegen und welche gesellschaftliche Verantwortung sie erkennen und zu übernehmen bereit sind. Auf einen konstruktiven und erfolgreichen Diskurs.

Twitter ist die beste Lehrerfortbildung auf dem Markt!

@FRAUSONNIG
AUF DER
#DIDACTA2019

Monika Stiller Thoms

Die Social Media-Hochschule

Kinder und Jugendliche wachsen heute in einer Welt mit komplexen Fragestellungen auf: Die Klimakrise bedroht die Existenz vieler Lebewesen auf der Erde, rechter Populismus krempelt die Weltordnung um und die Digitalisierung revolutioniert die Prozesse unserer Welterfahrung und unseres Zusammenlebens.

Diese Entwicklungen können überwältigend sein und ein Gefühl der Hilflosigkeit hervorrufen, weil man sich als passiver Teil dieser Welt erlebt: Man reagiert statt zu agieren. Doch die aktive Teilhabe und Gestaltung von Leben und Gesellschaft können gelingen, allerdings nur dann, wenn sich Gelegenheiten bieten, Stärken zu entdecken und Selbstwirksamkeit zu erfahren.

Ein Ort für diesen Lernprozess sollte die Schule sein. Lehrerinnen und Lehrer stehen täglich Kindern und Jugendlichen gegenüber, die versierte Konsumentinnen und Konsumenten bzw. Akteurinnen und Akteure digitaler Inhalte und Formate sind. Sie akzeptieren die gegebenen Rahmen von Games, Streaming und Social Media, indem sie kommunizieren, spielen, Bilder und Videos schauen und teilen. Sie werten und unterscheiden nicht – wie viele Erwachsene – zwischen digitaler und analoger Realität, sondern bewegen sich geschmeidig zwischen beiden Welten. Mit ihren Endgeräten liegt den Kindern und Jugendlichen die Welt zu Füssen: Sie haben Zugang zu Informationen, Meinungen, Nachrichten, Unterhaltung in vielen unterschiedlichen Formaten. Schule muss sich vor diesem Hintergrund neu definieren:

Lehrpersonen sind nicht länger die Hüter oder Hüterinnen des Wissens, das sie in frontalen Unterrichtssituationen an ihre Schützlinge übergeben – die traditionellen Hierarchien im Unterrichtszimmer lösen sich auf. Denn jede Schülerin und jeder Schüler ist heute bereits in der Lage, innerhalb von 30 Sekunden herauszufinden, ob Wilhelm Tell tatsächlich existiert hat oder wann der Erste Weltkrieg ausbrach, wie ein Vulkanausbruch abläuft oder welches die Harmonien in einem beliebigen Musikstück sind. Doch dieses google-bare, lexikalische Wissen können Kinder und Jugendliche nur nutzen, wenn sie es in einen inhaltlichen Kontext stellen und Querverbindungen verstehen können. Hier kann und muss die Lehrperson ansetzen und helfen, das zur Verfügung stehende Wissen zu vernetzen, zu verstehen, zu verarbeiten.

Kinder und Jugendliche sollten zudem erfahren und lernen, dass sie digitale Medien nicht nur im vorgesehenen Rahmen konsumieren, sondern auch selbst produktiv anwenden und so aktiv und kritisch am öffentlichen Diskurs teilnehmen und diesen für ihre Interessen nutzen können.

Das ist unter anderem die Aufgabe von Schule und zeitgemässer Bildung heute: Sie stärkt die Kompetenzen, mit denen aus Schülerinnen und Schülern mündige Bürgerinnen und Bürger werden, die sich kritisch und kompetent in die Gesellschaft einbringen und diese auch gestalten können.

Damit Schule diese Ziele erreichen kann, braucht es auf der einen Seite angepasste Lehrpläne und Fächer, neue Prüfungsformen und eine entsprechend leistungsfähige Infrastruktur. Auf der anderen Seite müssen die Lehrerinnen und Lehrer bereit sein, sich der neuen Unterrichtssituation zu stellen und ihre eigene Rolle im Lernprozess der Schülerinnen und Schüler zu überdenken. Das löst bei vielen Lehrpersonen, die sich selbst von den Folgen der Digitalisierung überfordert fühlen, diffuse Ängste aus. Warum sollten sich die Schülerinnen und Schüler überhaupt mit der digitalisierten Welt auseinandersetzen? Welchen Nutzen hat es, im Unterricht mit digitalen Medien zu arbeiten? Wie verändert sich meine Rolle im Lernprozess, wenn die Lernenden sich besser mit den Endgeräten und Apps auskennen als ich selbst? Wie funktioniert das alles und wie setze ich es sinnvoll ein?

Nun begreifen sich gute Lehrende immer auch als Lernende. Sie sind neugierig, wollen ihre Kompetenzen und ihr Wissen ständig erweitern, erkennen selbstkritisch ihre Defizite und verfügen über verschiedene Strategien, um sich professionsbezogen und persönlich weiterzuentwickeln.

Eine der wichtigsten institutionellen Ressourcen für die individuelle Weiterbildung sind für Lehrpersonen die (Pädagogischen) Hochschulen, die mit einem differenzierten und umfangreichen Angebot dafür sorgen, dass nicht nur neue Lehrerinnen und Lehrer ausgebildet werden, sondern dass auch jene mit Berufserfahrung sich fortwährend neue Inspirationen, Erkenntnisse und Methoden aneignen können.

Wendet man sich als Lehrperson oder als Schule auf der Suche nach Antworten auf die obenstehenden Fragen an die Hochschule, muss man aber feststellen, dass viele Hochschulen nicht nur keine Antworten auf diese Fragen haben – sie scheinen sie sich noch nicht einmal zu stellen. Gesucht sind Formate, die anregen, über die digitale Transformation und ihre Auswirkungen nicht nur auf Bildung und Schule, sondern auch auf die Gesellschaft als Ganzes zu reflektieren; Formate, die zeitgemässe Didaktik, veränderte Hierarchien im Lernprozess und neue Inhalte vermitteln; Formate, die definieren, wie sich Schule verändern muss.

Stattdessen erhalten Lehrpersonen von vielen Hochschulen vor allem Weiterbildungsangebote, die sich auf das Beherrschen von Tools und Technik beschränken und deren sinnvolle Einbettung in den Unterrichtszusammenhang dabei sogar häufig im Hintergrund steht. In der Didaktik sind die digitalen Medien inzwischen zwar als zusätzliche Facette der Medienlandschaft angekommen, ihr Potenzial zur Veränderung bzw. Umwälzung der Unterrichtsinhalte und Lernwege wird jedoch nur selten ernst genommen. So finden die Weiterbildungsangebote denn auch meist in klar hierarchischen Settings statt: Die oder der Dozierende geben als Vertreterinnen oder Vertreter der Hochschule in einem klar definierten Ort-Zeit-Rahmen ihr Wissen an Zuhörerinnen und Zuhörer weiter. Dabei haben diese sich an die Hochschule überhaupt erst gewendet, um herauszufinden, wie sie mit dem Aufbrechen der Hierarchien im Schulzimmer möglichst gewinnbringend umgehen können. Sowohl inhaltlich als auch formal sind viele Hochschulen also momentan noch nicht in der Lage, Lehrerinnen und Lehrer auf die Herausforderungen der digitalen Transformation vorzubereiten.

Die Lehrpersonen aber stehen jetzt im Klassenzimmer und können nicht warten, bis die Hochschulen sich aus der Schockstarre befreit haben, in die sie irgendwann im Laufe der Digitalisierung verfallen sind. Also tun viele Lehrpersonen genau das, was ihnen die digitale Transformation ermöglicht: Sie nehmen ihre individuelle Weiterbildung selbst in die Hand und suchen dabei den Austausch mit Kolleginnen und Kollegen in der eigenen Schule, auf Social Media, z. B. im #twitterlehrerzimmer oder dem #instalehrerzimmer[1], sowie auf Barcamps[2]. Allen Formaten ist gemein, dass sie interaktiv, agil und schnell sind und vor allem auf Augenhöhe funktionieren. Statt in hierarchischen Settings wird Lernen als gemeinsamer Weg verstanden, bei dem alle Lernende und Lehrende zugleich sind. Man tauscht Expertisen und Erfahrungen aus, diskutiert

---

1   Mit den Hashtags #twitterlehrerzimmer bzw. #instalehrerzimmer sind auf Twitter bzw. Instagram zahlreiche Beiträge von Angehörigen unterschiedlichster Bildungsinstitutionen versehen. Sie öffnen allen Interessierten die Tür zu den virtuellen Lehrerzimmern dieser beiden Social Media-Plattformen.

2   Ein Barcamp ist eine so genannte Un-Konferenz. Statt eines zu besuchenden Vortragsreigens findet die Planung von Inhalten und -formaten erst vor Ort statt. Dabei werden die Teilnehmenden zu Teilgebenden: Jede und jeder kann ein Thema einbringen, zur Diskussion einladen etc.

fachliche und didaktische Konzepte, tauscht Unterrichtsmaterialien und teilt neben den Erfolgserlebnissen auch Momente des Scheiterns und der Ratlosigkeit.

Nutzen Lehrpersonen diese Möglichkeiten aktiv, stellen sie schon nach etwa einem halben Jahr fest: Sie lernen im Austausch auf Twitter mehr als in den meisten traditionellen universitären Weiterbildungssettings, denn bei Twitter kann Lernen so stattfinden, wie es die zeitgemässe Bildung im 4K-Modell fordert: kritisch, kreativ, kommunikativ und kollaborativ. Während an der Hochschule geregelte Präsenzzeiten, Prüfungen und Seminararbeiten zu Abschlüssen und ECTS-Punkten führen und somit Kompetenz mit Hilfe eines Diploms bestätigen, spielen diese Titel im Peer-System auf Social Media keine Rolle. Hochschulangehörige diskutieren mit Sek II-Lehrerinnen, Lehrer fragen, Grundschullehrpersonen tauschen sich mit Berufsschullehrerinnen und -lehrern aus. Wir erleben die Demokratisierung von Bildung, ermöglicht durch genau die digitale Transformation gesellschaftlicher Prozesse, für die wir unsere Schülerinnen und Schüler fitmachen wollen. Die Hochschulen geraten dabei ins Hintertreffen: Sie bieten zu wenige nachhaltige, visionäre, mutige Angebote und können dem Tempo der Entwicklungen aufgrund ihrer etablierten Strukturen nicht standhalten.

Es muss sich also dringend etwas ändern an der Haltung der Hochschulen, wenn sie die Digitalisierung und ihre Auswirkungen auf den Bildungssektor nicht nur passiv erleben wollen: Hierarchien müssen aufgebrochen, Inhalte und Formate der Lehrerinnen- und Lehrerausund Weiterbildung so zukunftsweisend angeboten werden, wie es im #twitterlehrerzimmer bereits täglich stattfindet.

Juliane Besters-Dilger

Das Ende der Universität als Ort der Lehre?

Als Praktikerin möchte ich beginnen mit den Ergebnissen einer repräsentativen Umfrage unter Studierenden und Lehrenden der Universität Freiburg, die ich vor zwei Jahren zum Thema ‚Digitale Lehre' durchgeführt habe: Studierende wünschen sich zu 80 Prozent mehr multimediale Lehrinhalte, unter anderem mehr Vorlesungsaufzeichnungen, mehr Videos, mehr Testmöglichkeiten zur Überprüfung des eigenen Lernfortschritts. Sie sprechen sich aber auch mit deutlicher Mehrheit gegen einen Ersatz der Präsenzlehre durch digitale Lehre aus; sie sehen Probleme bezüglich ausreichender Motivation, fehlender Lerndisziplin sowie die verstärkte Gefahr der Prokrastination (die sowieso eines der großen studentischen Probleme ist). Lehrende würden zu 80 Prozent gern mehr digitale Lehre anbieten – ein erstaunliches Ergebnis –, geben aber an, dies nur bei erhöhtem Ressourceneinsatz tun zu können: Sie brauchen vor allem Zeit zur Entwicklung digitaler Formate, bessere technische Ausstattung und Unterstützung, bessere Beratung. Auffallend ist die starke Differenzierung nach Fachkultur: die Technische Fakultät, die Fakultäten für Biologie und Medizin, die sowieso schon führend sind im Einsatz digitaler Lehre (einschließlich Virtual Reality), würden gerne mehr tun, andere Fakultäten zeigen kaum Bedarf. Wie lässt sich dieses Ergebnis in eine Strategie der Digitalisierung der Lehre integrieren?

1

Präsenzlehre bleibt ein fundamentales Bedürfnis der Studierenden, vor allem in den Anfangssemestern. In dieser Phase ist digitale Lehre daher Ergänzung, nicht Ersatz der Präsenzlehre. Bei doppeltem Angebot der Lehrveranstaltung (einmal Präsenzlehre, einmal z.B. Videoaufzeichnung) steht es den Studierenden frei, ob sie an beiden teilnehmen oder vielleicht nur an der digitalen Lehrveranstaltung; alle Untersuchungen (universitätsinterne Befragungen; Schulmeister & Metzger 2018 usw.) zeigen aber, dass die Prüfungsergebnisse bei Nicht-Präsenz deutlich schlechter sind. Die besten Ergebnisse erzielen Studierende, die während der Vorlesung anwesend sind und zusätzlich die digitale Lehre zur Prüfungsvorbereitung nutzen.

2

Digitale Lehre dient der Flexibilisierung des Studiums, da Wissen zeit- und ortsungebunden erworben werden kann. Zum anderen ermöglicht sie, die Heterogenität der Studierenden zu bewältigen, die sich z. B. in nicht-deutscher Muttersprache, Berufstätigkeit neben dem Studium, nicht-traditionellem Bildungsweg (Studium ohne Abitur), nicht-akademi-schem Elternhaus, Kinderbetreuungspflichten und Pflege von Angehö-rigen manifestiert. Die unbegrenzte Wiederholbarkeit ist für diese Stu-dierenden ein großer Vorteil. Digitale Lehre muss, um erfolgreich zu sein, aber immer von entsprechenden Teletutoren zur Beantwortung von Fragen, Chats, Foren, Selbsttests, Lernmaterialien usw. begleitet sein. Sonst sind die Abbruchquoten zu hoch (vgl. die Erfahrung mit den Massive Open Online Courses der 2000er Jahre mit Absolventenquoten unter 10 %).

3

Digitales Lernen setzt die Fähigkeit zu selbstreguliertem Lernen (Selbstlern-kompetenz) voraus, die den Studierenden vermittelt werden muss, da sie sie von der Schule oft nicht mitbringen. Laut den Lehrenden der Universität Freiburg haben die Studienanfängerinnen und -anfänger große Probleme damit, Wissensgrundlagen zu erlernen; diese Probleme verstärken sich bei nur digital angebotener Lehre. Insbesondere die Entwicklung und das Aufrechterhalten von Lernmotivation, die Entwicklung einer Lernstra-tegie und die Vermeidung von Ablenkung gelten als schwierige Bausteine der Selbstlernkompetenz.

4

Die Hoffnung, durch digitale Lehre Personalkosten einzusparen, ist längst wi-derlegt. Im Gegenteil, gut gemachte digitale Lehre mit ansprechbaren Tutorinnen und Tutoren, Begleitmaterialien, Foren und Chats ist we-sentlich teurer als Präsenzlehre. Für die Lehrenden erfordert sie drei Bausteine: Didaktik (die Didaktik digitaler Lehre ist anders als die der Präsenzlehre), technische Beratung/Unterstützung und technische Ausstattung. In der prekären finanziellen Lage der Hochschulen kann die Stärkung der digitalen Lehre nur über Projektmittel – mit dem bekannten

Problem der fehlenden Nachhaltigkeit – finanziert werden oder über viele Jahre hinweg in kleinen Schritten aus dem Universitätshaushalt.

5

Angesichts der Halbwertzeit des Wissens besteht der Sinn des Studiums unter anderem darin, neben einem stets zu ergänzenden und weiterzuentwickelnden Wissen die Fähigkeit zu lebenslangem Lernen zu erwerben. Hinzu kommen fundamentale Kompetenzen wie Problemlösung, Informationsmanagement, Teamarbeit, Normen- und Werteerwerb usw. Einen besonderen Stellenwert haben kommunikative Kompetenzen wie Argumentieren, Standpunkte vertreten, Präsentieren, Überzeugen, Körpersprache beherrschen usw., die alle auf digitalem Wege schlechter zu erwerben sind als auf analogem. Absolventen- und Alumni-Befragungen zeigen zudem, dass die im Studium entstehenden persönlichen Netzwerke von erheblicher beruflicher Relevanz und intensiver als reine Netz-Bekanntschaften sind.

6

Im Hinblick auf die Nicht-Vorhersehbarkeit der Entwicklung des Arbeitsmarktes ist Data Literacy als eine grundlegende Kompetenz unverzichtbar und muss Bestandteil jedes Curriculums werden. Auch die Fähigkeit zu digitalem Lernen und zur digitalen Kooperation mit (auch internationalen) Partnern (vgl. Kirchherr 2019; Meyer-Guckel 2019) muss im Laufe des Studiums vermittelt werden. Oft wird vergessen, dass diese Kompetenzen erst einmal bei den Lehrenden in ausreichendem Maß entwickelt werden müssen: Viele Lehrende verfügen bisher nicht über Data Literacy.

7

Ganz besonders sind Data Literacy, Fähigkeit zu digitalem Lernen und zu digitaler Zusammenarbeit in der modular aufgebauten Weiterbildung gefragt, die schon lange als Pionier der digitalen Lehre gilt. In der Weiterbildung sehe ich auch die beste Möglichkeit, Menschen ohne formale Hochschulzulassung, aber mit praktischer Erfahrung einzubinden und so die Hochschulen zu öffnen (vgl. z. B. „Angewandte Ernährungswissenschaft –

Gesundheit, Leistung, Sport" an der Universität Freiburg; Voraussetzungen: Abgeschlossenes Hochschulstudium und mindestens ein Jahr
Berufserfahrung oder eine abgeschlossene Berufsausbildung mit min-
destens einem Jahr Berufserfahrung). Der Wissenschaftsrat stellt zur
Weiterbildung fest: „Eine formale Durchlässigkeit zwischen beruflicher
und akademischer Bildung wird inzwischen zwar von den meisten
Hochschulen gewährleistet, oft beschränken sich die Aktivitäten der
Hochschulen aber noch auf vereinzelte Angebote oder die Anerkennung
von formal erworbenen Kompetenzen. Ein strategischer Ansatz zur
Verbesserung der Durchlässigkeit, attraktive Angebotsstrukturen für
Berufstätige und ein gut ausgebauter Weiterbildungsbereich sind aller-
dings noch selten" (Wissenschaftsrat 2019, S. 36).

8

Die universitären Arbeitszeitmodelle sind zu überdenken. Viele Lehrende
würden gern innovative digitale Lehrveranstaltungen entwickeln, haben
aber ein zu hohes Lehrdeputat und zu viele administrative Aufgaben.
Digitale Lehre zu konzipieren und umzusetzen ist wesentlich aufwän-
diger und kostet mehr Zeit als Präsenzlehre. Es darf nicht so sein, dass eine
(partielle) Freistellung für die Entwicklung digitaler Lehrformate nur auf
Kosten der Kolleginnen und Kollegen realisiert werden kann, d. h. zur
Erhöhung von deren Lehrverpflichtung führt (so die Lehrverpflich-
tungsverordnung), vielmehr müssen Lehraufträge auf Kosten der
Hochschule vergeben werden.

9

*Der stark ausgeprägte Wunsch der Studierenden nach kollektivem Lernen kann
nicht allein durch digitale Arbeitsgruppen erfüllt werden.* Physische Nähe wird
als elementares Bedürfnis empfunden. Die Raumkonzepte der Hochschulen sind entsprechend anzupassen (open spaces, makerspaces) und die
betreffenden Vorgaben der deutschen Bundesländer zu überarbeiten.

10

Digitale Lehre eignet sich hervorragend zum Wissensaustausch mit Partnerhochschulen in der ganzen Welt. Auf diese Weise kann die Hochschule ihr Lehrangebot erweitern, unter anderem in den so genannten Kleinen Fächern, die aufgrund geringer Personalressourcen oft kein attraktives, vielfältiges Lehrangebot anbieten können.

11

Digitale Lehre lässt sich nicht top down verordnen. Man kann aber Anreize schaffen und ein überfakultäres Netzwerk von engagierten und interessierten Lehrenden initiieren, die als Multiplikatorinnen und Multiplikatoren wirken. Ziel muss eine von allen Statusgruppen akzeptierte Digitalisierungsstrategie sein, die am besten in einem co-creation process erarbeitet wird.

12

Die Digitalisierung der Administration hinkt der Digitalisierung der Lehre hinterher. Wichtige Stichworte sind: Datenschutz, Datenarchivierung, eAkte, eRechnung, im Zusammenhang mit Lehre aber vor allem das Campus-Management (CMS) und das Studierendenmanagement (SMS), zu dem die digitale Prüfungsverwaltung gehört. Wenn Lehrende, die eine digitale Lehrveranstaltung durchgeführt haben, die Noten anschließend in Papierformulare eintragen müssen, damit diese von Mitarbeitenden des Prüfungsamts in digitale Formulare eingetippt werden, dann wird deutlich, dass die Digitalisierung der Hochschule noch in weiter Ferne liegt.

Wie sieht die Zukunft aus? Ich glaube nicht an das Ende der Universität als Institution der Lehre und den Übergang zu rein digitaler Lehre. Das Erlebnis Universität lässt sich nicht durch digitale Lehre ersetzen. Das Gespräch vor und nach der Lehrveranstaltung mit den Mitstudierenden, die Selbsteinschätzung im Vergleich zu anderen, der Aufbau sozialer Beziehungen, die Integration in das Netzwerk der Dozentin oder des Dozenten und vieles mehr gehören zu einer gelingenden Persönlichkeitsentwicklung. Teamorientierte aktivierende Lehre, die forschendes

Lernen, Service learning, problemorientiertes Lernen usw. fördert, verschafft Erlebnisse, die digitales Lernen nicht ermöglicht. Die teilweise Digitalisierung der Lehre wird aber zu einer wachsenden Konkurrenz der Lehrenden untereinander führen, und diese kommt den Studierenden ohne Zweifel zugute.

Referenzen

Kirchherr, Julian et al.: *Future Skills: Welche Kompetenzen in Deutschland fehlen.* Stifterverband für die deutsche Wissenschaft. Essen 2019.

Meyer-Guckel, Volker et al.: *Future Skills: Strategische Potenziale für Hochschulen.* Stifterverband für die deutsche Wissenschaft. Essen 2019.

Schulmeister, Rolf, Metzger, Christiane: *Das Studierverhalten im Bachelor. Zeitbudget-Analysen der Workload in 29 Bachelor-Stichproben. 2009–2018.* Hamburg 2018.

Wissenschaftsrat: *Empfehlungen zur hochschulischen Weiterbildung als Teil des lebenslangen Lernens. Vierter Teil der Empfehlungen zur Qualifizierung von Fachkräften vor dem Hintergrund des demografischen Wandels.* Berlin 2019.

Sarah Genner

Zehn Thesen zu Bildung und Digitalisierung

1

Alle reden von digitaler Bildung. Aber alle meinen etwas anderes.
Wer von digitaler Bildung spricht, meint vielleicht E-Learning oder digitale Didaktik mit kollaborativen Online-Plattformen. Vielleicht geht es auch um Bibliotheken im digitalen Zeitalter oder Gamification des Unterrichts. Einige meinen Lernen mit Massive Open Online Courses oder Extended-Reality-Anwendungen. Verstehen wir unter digitaler Bildung die souveräne Bedienung von LinkedIn, Snapchat und Instagram, von Excel, Word und Photoshop? Oder müsste es dann eben doch Programmieren sein, und wenn ja, reichen Scratch- und html-Kenntnisse oder braucht es zwingend Python und ein Grundverständnis von Pascal? Meinen wir mit digitaler Bildung erworbenes Wissen über künstliche Intelligenz (KI), Algorithmenethik, digitale Demokratie, digitale Geschäftsmodelle und Creative-Commons-Lizenzen? Oder vielleicht auch Wissen darüber, wie wir im Bildungsbereich Prävention von Cybermobbing oder Onlinesucht betreiben können? Geht es darum, wie wir digitalen Ablenkungen in Lernsettings oder der Informationsflut begegnen? Oder darum, verlässliche Quellen im Netz zu erkennen oder zu wissen, wer das WWW erfunden hat oder wie man E-Mails verschlüsselt? Wäre möglicherweise auch das Erlernen von Frustrationstoleranz im Umgang mit benutzerunfreundlichen IT-Anwendungen hilfreich?

2

Digitale Bildung ist ein schwammiger Begriff, weil es die Digitalisierung nicht gibt.
Die Digitalisierung, sagen viele. Als wäre klar, was das ist. Wann beginnt sie? Bei der Erfindung des Binärsystems im 17. Jahrhundertf, den Webstühlen mit Lochkarten um 1800, mit den ersten einigermaßen handlichen IBMs in Büros um 1950, mit dem ARPANET Ende der 60er, dem WWW in den 90ern oder mit Facebook und dem iPhone in den Nuller-Jahren? Wir haben es mit unterschiedlichen Digitalisierungs-

wellen zu tun und ganz unterschiedlichen Aspekten im Bereich der digitalen Bildung.

Neben Anwendungskompetenzen braucht es ein fächerübergreifendes Wissen über die Welt im digitalen Zeitalter. Wie in der *Dagstuhl-Erklärung* von 2016 sinnvollerweise festgehalten wurde: „Bildung in der digitalen vernetzten Welt muss aus technologischer, gesellschaftlich-kultureller und anwendungsbezogener Perspektive in den Blick genommen werden. Es muss ein eigenständiger Lernbereich eingerichtet werden, in dem die Aneignung der grundlegenden Konzepte und Kompetenzen für die Orientierung in der digitalen vernetzten Welt ermöglicht wird. Daneben ist es Aufgabe aller Fächer, fachliche Bezüge zur digitalen Bildung zu integrieren." Oder anders gesagt: Es braucht sowohl fachlich verankerte Grundlagen der Informatik, der Medienbildung wie auch eine überfachliche Beschäftigung mit gesellschaftlichem Wandel im digitalen Zeitalter. Und nicht zuletzt sollten wir immer wieder klären, über welchen Aspekt ‚der' Digitalisierung wir gerade sprechen, um Missverständnisse zu vermeiden.

3

Die Unterscheidung zwischen Lernen mit, über und trotz digitaler Medien ist konzeptuell hilfreich.

Allzu oft steht ein Richtungsstreit zwischen digitalem und analogem Lernen im Vordergrund. Diese Grabenkämpfe sind wenig zielführend. Am Ende kann es nicht um ein Entweder-oder gehen, sondern um Lernziele, Prioritäten und um eine sinnvolle Balance zwischen unterschiedlichen Unterrichts- und Lernformaten wie Frontal- und Werkstattunterricht, individuellem Arbeiten und Gruppenarbeit – angeleitet und selbstorganisiert. Eine gute Balance braucht es auch zwischen Lernstilen (visuell, auditiv, motorisch) und Lernmotiven (Was und wieviel sollte ich lernen? Warum sollte ich das lernen? Mit welcher Technik lerne ich das im Rahmen der vorhandenen Zeit?).

Je nach Stufe, Lernniveau und Bildungsformat ist eine andere Mischung von analogen und digitalen Lernformen sinnvoll. Auch an Hochschulen bestehen große Unterschiede zwischen Aus- und Weiterbildung: Weiterbildungsformate enthalten in der Regel einen höheren Anteil Selbst- und Fernlernen als Ausbildungssettings. Gut gemachte Blended-Learning-Formate erfordern einen hohen Vorbereitungsaufwand für Dozierende und eine stimmige Aufteilung auf Präsenzveranstaltungen und Online-Lernen.

Je nach Fach oder Lehrveranstaltung macht es Sinn, digitale Medien nicht nur als Lerninstrument einzusetzen, sondern den digitalen Wandel in Gesellschaft, Wirtschaft, Recht, Wissenschaft und Arbeitswelt an sich zu thematisieren.

Nicht zuletzt gilt es aus pädagogisch-didaktischer Sicht und im Sinne der Konzentration gegebenenfalls Maßnahmen zu treffen, dass mobile Geräte zweckmäßig eingesetzt werden können und nicht mehrheitlich zum Störfaktor werden. Für Vorlesungen wurde bei der Laptop-Nutzung eine Art Passivrauch-Effekt nachgewiesen: Wer auf einen Bildschirm blickt, an dem außerhalb des Vorlesungsthemas gesurft und gechattet wird, ist genauso abgelenkt wie die Person vor dem Laptop. Gleichzeitig wäre ein vollständiges Verbot mobiler Geräte im Unterricht – gerade an Hochschulen – nicht zeitgemäß. Interessant sind beispielsweise Experimente mit kollaborativen Notizen auf einem EduPad. Um Phasen der Konzentration beim Lernen zu fördern, erweist sich z. B. die Pomodoro-Technik als effektiv.

4

Digitale Gräben prägen digitale Bildung.
Wer sich überhaupt digital bilden kann, ist abhängig von digitalen Gräben. Geografie ist der relevanteste digitale Graben. Global gesehen braucht es in erster Linie Zugang: Ohne technologischen Zugang keine Digital Skills. Aber Zugang alleine reicht nicht: Nach Angaben von Wikimedia aus dem Jahr 2018 kennen viele Menschen mit Internet-Zugang Wikipedia nicht (in Brasilien sind es nur 39 % der Internet-User, in Indien 33 %, in Nigeria 27 %). Hinzu kommt, dass in vielen Ländern die technische Infrastruktur kaum ausreicht, um zuverlässigen Internetzugang zu haben, dass der Zugang zensiert ist oder nur ein Smartphone zur Verfügung steht, mit dem nur limitierte Anwendungen möglich sind.

Neben Geografie und Kultur sind andere digitale Gräben relevant: Zum Beispiel Bildungsstand, Technikaffinität, Interesse an Partizipation, Alter, Geschlecht, Einkommen, Persönlichkeit, Behinderung. Das Bildungsniveau prägt entscheidend, wie souverän und kompetent Menschen Technologie einsetzen. Einkommen entscheidet in vielen Ländern über Zugang zu digitalen Medien. Mädchen mit Technikinteresse gelten weiterhin als Ausnahme. Introvertierte geben online mehr preis als offline, aber weniger als Extravertierte. Viele Websites sind für Blinde kaum barrierefrei zugänglich, und dennoch hilft Technologie gerade auch Behinderten. Ältere Menschen sind statistisch gesehen weniger unbefangen im Umgang mit Technik, aber die Lebenserfahrung und der mit dem Alter abnehmende Konformitätsdruck hilft ihnen mehr als jüngeren, kritisch mit Informationen im Netz umzugehen oder sich erfolgreich von digitalen Ablenkungen abzuschirmen.

5

Je nach Kontext sind unterschiedliche Digital Skills gefragt.
In digital unterernährten Regionen der Welt geht es zunächst um technologische Infrastruktur und Aneignung. In Ländern mit diktatorischen Regimes bedeutet es vielleicht, sich für ein Recht auf Privatsphäre einzusetzen oder zu wissen, wie man digitaler Überwachung begegnen soll. In digital übersättigten Regionen braucht es eher Rezepte im Umgang mit digitaler Informationsüberlastung.

Je nach Berufsfeld sind fachspezifische digitale Kompetenzen relevant. Den Überblick über E-Mails nicht verlieren, ist vielerorts gefragt. In der grafischen Industrie wird erwartet, dass Mitarbeitende die Adobe Creative Suite beherrschen. In der Kommunikationsbranche braucht es zunehmend einen souveränen Umgang mit Social Media, in der Wissenschaft oft den Umgang mit Statistiksoftware oder wenigstens den Tücken von Word und Literaturdatenbanken. Programmierkenntnisse werden bisher nur in spezifischen Funktionen vorausgesetzt, Machine Learning noch seltener. Von Führungskräften erwarten viele, dass sie wissen, wann ein persönliches Gespräch geeigneter ist als eine E-Mail und dass sie sich der digitalen Transformation ihrer Branche wenigstens nicht ganz verschließen.

6

Grundwissen ist auch im digitalen Zeitalter zentral.
Eine gängige Floskel besagt, dass Wissen weniger wichtig werde, wenn man es überall und jederzeit abrufen könne. Natürlich kann man Wissen im Netz abrufen. Man hätte aber auch früher Bibliotheken leer lesen können, gab aber dennoch viel Geld aus für teure Ivy-League-Universitäten. So heißt es beispielsweise im Film *Good Will Hunting*:

„You wasted $150,000 on an education you coulda got for $1.50 in late fees at the public library."

Es gibt rührende Geschichten darüber, was sich Menschen dank des Internets und ganz ohne Zutun von Bildungsinstitutionen beigebracht haben. Die meisten Menschen sind jedoch nur teilweise autodidaktisch veranlagt und brauchen portionierte und kuratierte Wissensvermittlung sowie moderierte Reflexionsprozesse.

Die Vermittlung von Grundwissen hat keineswegs ausgedient. Denn erstens: Grundwissen ist die Voraussetzung, um zusätzliche Informationen fruchtbar zu nutzen und deren Glaubwürdigkeit und Korrektheit einzuschätzen. Zweitens ist nur das Wissen für unsere kurzfristigen Entscheidungen bedeutsam, über das wir auswendig verfügen. Wir müssten sonst ja wissen, dass wir auf unserer Wissensmaschine in der Hosentasche überhaupt etwas nachschauen müssten. Waren Lehrpersonen und Dozierende jemals nur zur Wissensvermittlung da? Die Beziehung zwischen Lernenden und Lehrenden ist nachweislich einer der zentralen Faktoren für Lernerfolg.

7

Wir sollten etwas weniger auf KI- und Robotik-Expertinnen und -Experten hören, wenn es um die Zukunft der Arbeitswelt geht.

„Wir haben ein Bildungssystem, das Menschen nach Maßstäben von gestern ausbildet, für eine Welt, die es morgen gar nicht mehr geben wird." So ähnlich lauten Einschätzungen von verschiedenen Propheten und Trendforschern der Stunde. Auf Basis einer der besonders falsch verstandenen Studien, der Frey/Osborne-Studie von 2013, argumentieren und warnen sie, dass digitale Technologien Millionen von Jobs kosten werden (die Studie hielt fest, dass 47% der Jobs einem hohen Digitalisierungsrisiko ausgesetzt seien) und dass das aktuelle Bildungssystem daher ohnehin hoffnungslos veraltet sei. Worum sie sich nicht kümmern: dass die reißerischen Schlagzeilen um die angeblichen Rekord-Jobverluste einer empirischen Überprüfung kaum standhalten. Besagte Frey/Osborne-Studie wurde an der Universität Oxford durchgeführt mit Fokus auf den damaligen US-Arbeitsmarkt. Befragt wurden Robotik- und Automatisierungsspezialisten, nicht Arbeitsmarktexpertinnen oder Wirtschaftshistorikerinnen. Nicht einberechnet ist, dass neue Jobs dazu kommen könnten und dass nur Tätigkeiten und nicht ganze Jobprofile digitalisiert werden.

In der Schweiz jedenfalls findet man auf dem Arbeitsmarkt kaum Evidenz für eine digitale Revolution: Die Erwerbslosenquote bleibt niedrig, Telearbeit stagniert bei rund fünf Prozent (mal abgesehen von Ausnahmesituationen wie der Corona-Krise) und die Quote der Selbständigen bei knapp acht Prozent. Wirtschaftshistorische Analysen zeigen: Seit Beginn der Industrialisierung hat jede Automatisierungswelle jeweils eine neue Nachfrage für Arbeit geschaffen, zu höherer Produktivität und höheren Löhnen geführt. Der MIT-Forscher David Autor fragt in seiner brillanten Analyse zur Geschichte der Automatisierung: „Why are there still so many jobs?"

Die Bildungsbranche sollte sich von der Dämonisierung von KI und dem Schreckgespenst Job-Verlust lossagen. Jobs kommen und gehen. Das ist nichts Neues. Was wir aus der Industriegeschichte aber auch wissen: Die Polarisierung der Einkommen nimmt mit zunehmender Technologisierung zu. Daher sollten wir uns eher um steigende Ungleichheiten kümmern als darum, dass unser Bildungssystem nichts mehr tauge, weil es ohnehin keine Jobs mehr geben werde, da Maschinen alles übernehmen werden.

8

Das Trio Volksschule, Berufsbildung und lebenslanges Lernen muss es richten.
Eine gut ausgestattete Volksschule und Wertschätzung für den Lehrberuf haben einen zentralen Stellenwert, um Ungleichheiten entgegenzuwirken. In Ländern, wo Privilegierte ihre Kinder in Privatschulen senden, sind die sozialen Ungleichheiten letztlich langfristig größer.

Das Schweizer Berufsbildungssystem ist im digitalen Zeitalter in vieler Hinsicht wertvoll: Studien zeigen, dass wichtige methodische und soziale Kompetenzen in einer Berufslehre besser erlernt werden können als in einem klassischen Schulsetting. In der Schweiz – im Gegensatz zu vielen anderen Ländern – erfahren die Berufslehre und die Entwicklungsmöglichkeiten, die sich daraus ergeben, auch gesellschaftliche und finanzielle Anerkennung. Das verhindert nicht zuletzt Jugendarbeitslosigkeit und überfüllte Universitäten. Das Schweizer Bildungssystem verfügt über eine hohe Durchlässigkeit: Man kann auch über eine Berufslehre einen akademischen Weg einschlagen. In Bezug auf digitale Kompetenzen ist das Berufsbildungssystem gut gerüstet: die berufsspezifischen Kompetenzen werden ‚on the job' erlernt. Diese sind jeweils auf der Höhe der Zeit. Zudem muss man nicht erst Lehrkräfte schulen, damit diese anschließend veraltete Technologien unterrichten.

Lebenslanges Lernen ist das Gebot der Stunde: Im raschen Wandel braucht es praxisorientierte und berufsbegleitende Weiterbildungsformate, die sich in Form von CAS und MAS bereits gut etabliert haben. Weiterbildungsformate sind nicht gleich Ausbildungsformate: In der Ausbildung scheint mehr physische Präsenz sinnvoll, in der Weiterbildung bewähren sich digitale Formate als Ergänzung zu Präsenzveranstaltungen. Dennoch schätzen gerade auch Berufsleute, die sich Weiterbildungen gönnen, den persönlichen Austausch unter ihresgleichen. Gleichwohl besteht ein kleiner Markt für ‚digital only'-Weiterbildungsformate.

9

Das 4K-Modell ist eine griffige Formel für Kompetenzen im digitalen Zeitalter. Und greift natürlich dennoch zu kurz.

Leader aus der Technologie-Branche betonen, dass Menschen in Zukunft vor allem das können müssen, was Maschinen nicht können: kreativ sein sowie emotional und sozial kompetent. Aber wir tun gut daran, auch zu verstehen, wie Maschinen ticken. 4K steht für Kommunikation, Kollaboration, Kreativität und kritisches Denken. Hilfreich sind auch die Charakterstärken aus der positiven Psychologie, die betonen, was Menschen stark macht: Respekt, Verantwortung, Dankbarkeit, Selbstwert, Mut, Integrität, Hoffnung, und nicht zuletzt Humor. Diese Charakterstärken bilden das Fundament der Grundwerte meines eigenen Kompetenzmodells für das digitale Zeitalter. Darauf bauen drei Säulen auf: fachliche Kompetenzen, soziale Kompetenzen, und persönliche Kompetenzen. Die digitalen Kompetenzen verstehe ich als Querschnitt dieser drei Säulen (siehe Grafik).

Wir brauchen in erster Linie gute Bildung im digitalen Zeitalter. Wer sich isoliert auf digitale Kompetenzen stützt, kommt nicht weit. There is no digital education, only education in a digital world.

10

Die unterschätzten digitalen Kompetenzen im Hochschulkontext sind im Grunde banal.

FACHLICHE KOMPETENZEN	SOZIALE KOMPETENZEN	PERSÖNLICHE KOMPETENZEN
Fachexpertise // Praxis- und Berufserfahrung		
Lesen, schreiben, rechnen / Texte verstehen und verfassen, Umgang mit Zahlen, Sprachen, Bilder und multimediale Inhalte verstehen	**Kommunikation** / Zuhören, konstruktiv und adressatengerecht Kommunizieren, Empathie, Konfliktfähigkeit, Durchsetzungsvermögen	**Lernen** / Lernmotivation, Lernfähigkeit, Neugier
Analyse / Informationen filtern, Komplexität reduzieren, Zusammenhänge erkennen	**Team** / Kooperation, Kollaboration, Koordination, Leadership	**Ideen** / Kreativität, Erfindergeist, Spielfreude
Reflexion / Kritisches Denken, abstraktes Denken, Interpretation	**Diversität** / Konstruktiver Umgang mit unterschiedlichen Perspektiven sowie sozialer und kultureller Vielfalt	**Resilienz** / Belastbarkeit, Standhaftigkeit, Durchhaltekraft
Problemlösung / Herausforderungen identifizieren, konstruktive Strategien entwickeln, Entscheidungen fällen, Prozesse steuern	**Engagement** / Einsatzbereitschaft, soziale Verantwortung, globales Bewusstsein	**Selbstregulierung** / Selbstorganisation, Selbstreflexion, Impulskontrolle, Prioritäten setzen, Handlungskompetenz
Methoden / Arbeitstechniken, Zeitmanagement, Projektorganisation		**Flexibilität** / Anpassungsfähigkeit, Agilität, Ambiguitätstoleranz, Veränderungsbereitschaft

DIGITALE KOMPETENZEN		
Technologien / fach- und berufsspezifische Technologien anwenden, Lizenzen und Urheberrecht	**Interaktion** / interagieren über Technologien, teilen von Informationen und Inhalten, Engagement in der Online-Gesellschaft, Zusammenarbeit über digitale Kanäle	**Identität** / Verhalten im digitalen Raum, Verwaltung der digitalen Identität
Information / digital suchen, filtern, beurteilen, speichern, abrufen, digitale Inhalte entwickeln		**Technikumgang** / sinnvoller und gesunder Einsatz digitaler Technologien
Sicherheit / Schutz von Geräten, persönlicher Daten		

GRUNDWERTE			
Respekt	Dankbarkeit	Ehrlichkeit	Integrität
Verantwortung	Selbstwert	Offenheit	Fairness
Vertrauen	Mut	Mässigung	Vergebung
Verlässlichkeit	Bescheidenheit	Loyalität	Lebenssinn
Geduld	Freundlichkeit	Humor	Hoffnung

Kompetenzen und Grundwerte im digitalen Zeitalter

Häufig ist die Rede von Digital Skills, als wäre damit gemeint, selbstlernende Algorithmen zu entwickeln, die Ärztinnen und Anwälte restlos ersetzen können. In der Regel scheitern aber die meisten von uns an digitalen Banalitäten. Viele graue Eminenzen an Hochschulen schlagen sich noch mit dem Adler-System auf der Tastatur durch, statt mal einen Kurs im Zehnfinger-System zu besuchen. Programmieren können ist gut und schön, aber in Wahrheit kämpfen wir mit der E-Mail-Flut und Backups, die wir hätten machen sollen, bevor unsere Dateien verloren gingen. Es folgt daher eine Liste mit unterschätzten digitalen Kompetenzen an Hochschulen:

- *Digitale Ordnung halten*: Dateien sinnvoll benennen, ablegen und sauber sichern
- *Klassische Textverarbeitungsprogramme beherrschen* (z. B. Word / OpenOffice / LaTeX): Überschriften hierarchisieren, Seiten nummerieren,

Fussnoten setzen, Zitate nachweisen, Inhaltsverzeichnisse und Indexe automatisch generieren
- *Sinnvolle digitale Quellen* für wissenschaftliche und praxisorientierte Arbeiten finden (z. B. über klassische Bibliotheken, Journal-Datenbanken, Open-Access-Bücher, Google Scholar)
- *Literaturverarbeitungsprogramm* anwenden und in Textverarbeitungsprogramm integrieren (z. B. Zotero / Endnote) und auch digitale Quellen richtig zitieren
- *Gemeinsam an einem Dokument arbeiten* (z. B. Google Docs, Office 365) – einerseits technisch (Änderungen verfolgen, Kommentare, wann telefonieren / Document sharing machen und wann sogar physisch zusammenkommen), aber auch sozial (welche Art von Änderung nehme ich ohne Rücksprache vor, wo sollte ich mich absprechen und in welchem Tonfall gebe ich digital Feedback und Kommentare)
- *Sich technisch selber helfen:* Programmhilfen nutzen, um sich mit neuen Funktionen vertraut zu machen, im Web Hilfe für sein Problem suchen (z. B. Foren)
- *Große Dateien versenden:* Dateien bis 5 MB als E-Mail-Anhang versenden, Clouddienste nutzen für größere Daten (wie Dropbox, GoogleDrive, wetransfer)
- *Kollaborative Web-Tools* nutzen, um gemeinsam zu arbeiten und lernen, z. B. Google Drive, Edupad, Mindmeister, LearningApps, Quizlet, Evernote, Edmodo, Wiki, Blog
- *Daten-Tabellen und Diagramme* erstellen, formatieren und mit einfachen Funktionen arbeiten wie Durchschnitte, Zinsrechnung, Summen
- *Online-Umfragen* erstellen, durchführen und auswerten
- *Wirkungsvolle Präsentationen* erstellen und sich zielgerichtet auf einen Vortrag vor Publikum vorbereiten: Gestaltungskriterien für PowerPoint konsequent anwenden, Referierendenansicht verwenden, Beamer-Präsentation üben, weitere Präsentations- und Visualisierungsformate kennen wie zum Beispiel: Keynote, Prezi, Smartboard, Fotostories mit ComicLife, Lernfilm mit Smartphone und iMovie, Stopmotion-Film mit iStopMotion, Wortwolke mit Wordle, Online-Mindmaps mit Mindmeister, QR-Codes generieren
- *Vernetzte Kommunikation* praktizieren, mit Videotelefonie und sozialen Netzwerken vertraut sein, grundlegende Kommunikationsregeln einhalten und Privatsphäre schützen, auf eine überzeugende Präsenz im Netz achten
- *Bildbearbeitung* beherrschen für Bildschirmpräsentation, Druck, Mail und Web, Fotos optimieren in Bezug auf Helligkeit Kontrast und

Farbigkeit, anpassen, beschneiden, skalieren und exportieren in sinnvoller Größe, Qualität und Format
- *Onlinesuche* beherrschen, mit Operatoren und Funktionen der erweiterten Suche und Volltextsuche umgehen können
- *Digitale Informationen* quellenkritisch hinterfragen und Propaganda, PR oder Plagiate ausfindig machen
- *Das eigene Verhalten im Umgang mit digitalen Technologien* einschätzen und die Folgen davon abschätzen, z. B. Computerspiele, Mobiltelefon, Internetnutzung, Konsumverhalten, Online- und Offline-Zeiten.
- *Digitale Ablenkungen* managen, Phasen erhöhter Konzentration herstellen, offline gehen, Pomodoro-Methode einsetzen, technische Lösungen wie Freedom benutzen

Nachweis

Die Dagstuhl-Erklärung und die Formel „Lernen mit, über und trotz digitaler Medien" gehen auf Beat Döbeli zurück. Das Kompetenzmodell der Autorin in These 9 wurde 2019 im Rahmen der Publikation *Aufwachsen im digitalen Zeitalter* der Eidgenössischen Kommission für Kinder- und Jugendfragen bereits veröffentlicht. Die Liste in These 10 ist teilweise inspiriert von Thomas Staub.

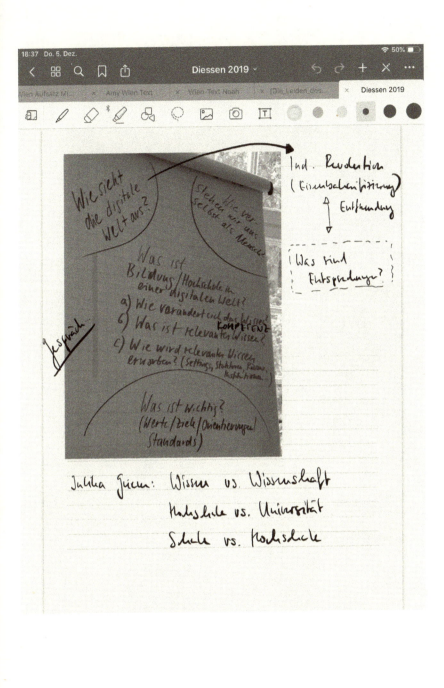

Julitha Juicm: Wissen vs. Wissenschaft

Hochschule vs. Universität

Schule vs. Hochschule

Philippe Wampfler

Was wir von Google Books über die Zukunft der Hochschulen lernen können

Dieser Essay kombiniert eine historisch geprägte Beobachtung mit einer Kritik historischer Beobachtungen. Deshalb arbeitet er zwei Beispiele aus, die für sich jeweils aufschlussreich für die aktuelle Diskussion über die Schul- und Hochschulentwicklung unter den Bedingungen der Digitalisierung sind. Sie sollen das prognostische Denken an historische Erfahrungen zurückbinden, dabei aber auch davor warnen, den Blick aus der Gegenwart in die Vergangenheit als zentralen Maßstab für die Beurteilung von Zukunftsszenarien zu verwenden.

Wie ist das zu verstehen? In der Ausbildung von Lehrerinnen und Lehrern werden verschiedene Reflexionsformen eingesetzt, um die Schulbiografie der angehenden Lehrkräfte darzustellen. Lasse ich Studierende in meinem Seminar darüber nachdenken, was ihre prägenden Erfahrungen im Deutschunterricht waren, dann hat das paradoxe Effekte: Einerseits orientieren sich die Studierenden an ihren eigenen Erfahrungen, wenn sie sich auf den Lehrberuf vorbereiten, andererseits erscheinen diese Erfahrungen als kontingent, weil sie mit den Erfahrungen anderer verglichen werden. Die Erinnerung schafft Anreize, den als Schülerin oder Schüler erlebten Unterricht als Lehrkraft zu reproduzieren, gleichzeitig macht sie diese oft unbewusste Orientierung an der eigenen Lern- und Schulbiografie reflexiv verfügbar und dadurch veränderbar. Die Übung suggeriert, die Schulerfahrung sei auch Jahre später noch direkt erinnerbar. Eingebettet in ein Seminar-Setting verdeutlicht sie aber, dass hier nicht Schülerinnen und Schüler über Unterricht diskutieren, sondern Lehramtsstudierende mit ihrer Expertise erinnerte Unterrichtserlebnisse analysieren.

Diese doppelte Form der Rückschau soll hier exemplarisch in Bezug auf den Medienwandel übertragen werden, indem historische Entwicklungen auf eine Art und Weise nachgezeichnet werden, die sie als provisorischen Orientierungspunkt für Entwicklungen erscheinen lassen. Dabei schwingt das Bewusstsein mit, dass es zwar „Standardsituationen der Technologiekritik" gibt, wie das Kathrin Passig genannt hat – aber keine Standardmuster der Entwicklung von Institutionen unter veränderten medialen Bedingungen.

1 – Der Blick zurück

Mündliche und schriftliche Prüfungen

Ich unterrichte an einer Handelsschule mit langer Tradition. Im Moment diskutieren wir Lehrerinnen und Lehrer basisdemokratisch darüber, wie und ob die Schule ‚bring your own device' einführen soll: Die Schülerinnen und Schüler müssten künftig private Rechner oder Tablets in die Schule mitbringen, die dann im Unterricht umfassend genutzt werden sollten. Im Fokus der Diskussionen stehen insbesondere die organisatorischen und didaktischen Konsequenzen dieser Entwicklung.

Ein zentrales Problem stellen in den Gesprächen über die Neuerung die Prüfungsmodalitäten dar: Wird der Unterricht mit digitalen Endgeräten und Netzzugang bestritten, so erscheint es als konsequent, auch Prüfungen unter diesen Bedingungen durchzuführen. Gesetzliche Vorgaben, institutionelle Gepflogenheiten und Erwartungen von Lernenden wie auch von ihren Eltern geben hingegen vor, dass an einer Prüfung die individuelle Leistung einer Schülerin oder eines Schülers gemessen und mit denen anderer verglichen werden muss. Jede sinnvolle Form von Netzzugang erlaubt aber Kommunikation. Es kann nicht sichergestellt werden, dass die Geprüften ihre Ergebnisse ohne Hilfe erarbeitet haben.

Daraus ergibt sich ein Dilemma: Entweder müssen Schülerinnen und Schüler für Prüfungen auf die im Unterricht eingesetzten medial gestützten Arbeitsformen verzichten, oder die heutigen Prüfungsmodalitäten verhindern die Einführung von Methoden, die in Berufen und Ausbildungsgängen, auf welche die Schule die Lernenden vorbereitet, selbstverständlich sind.

Das Dilemma und die anstehende Veränderung der Unterrichtskultur führen zu heftigen Auseinandersetzungen. Diese hat ein Geschichtslehrer, der lange auch das Schularchiv betreut hat, kürzlich vor dem Kollegium mit dem Hinweis kommentiert, gegen Ende des 19. Jahrhunderts sei an der Schule intensiv diskutiert worden, ob schriftliche Prüfungen sinnvoll seien. Schriftliche Prüfungen stellten damals eine Neuerung dar: Etabliert waren bis dahin mündliche Prüfungen. Die erfahrenen Lehrer hätten sich damals über jüngere Kollegen lustig gemacht, die schriftlich prüfen wollten. Ihrer Ansicht nach prüfe ein souveräner Lehrer mündlich. Schriftliche Prüfungen seien ein Zeichen von Unsicherheit und würden Ärger verursachen, weil Antworten und Bewertung im Nachhinein verglichen werden könnten.

Der Geschichtslehrer, der diese historische Parallele vortrug, musste nicht ausführen, welches Argument damit verbunden war: Genauso wie sich schriftliche Prüfungen durchgesetzt haben, wird die Benutzung digitaler Endgeräte bei Prüfungen zu einer Selbstverständlichkeit werden. Erscheint es aus heutiger Perspektive kurios, dass es jemals eine Diskussion darüber geben konnte, ob schriftliche Prüfungen ein legitimes Format darstellten, so dürften sich in hundert Jahren Lehrerinnen und Lehrer darüber wundern, wie umstritten Fragen der digitalen Transformation heute sind.

Historisches Cherry Picking

Betrachtet man das historische Argument kritisch, dann kann man leicht zugestehen, dass der Kollege recht haben könnte: Es ist durchaus denkbar, dass die Protokolle der heute geführten Diskussionen in Zukunft lächerlich erscheinen könnten. Nur: Wahrscheinlich lassen sich in den Archiven auch Diskussionen über Vorschläge finden, die sich nicht durchgesetzt haben. Bei diesen Aushandlungsprozessen erschiene dann die Seite der konservativen Lehrkräfte vernünftig, weil sie konform mit den heute gängigen Praktiken an Schulen ist.

Pointiert gesagt handelt es sich beim Rückgriff auf die Geschichte der Schule um *Cherry Picking*: Es wird eine Diskussion ausgewählt, die Bedenken delegitimiert, weil sie sich im Rückblick als unberechtigt erwiesen haben. Würde man anders auswählen, ergäben sich eher Reibungen als Parallelen. Die Verschiebung von primär mündlicher Kommunikation an einer Handelsschule zu schriftlicher darf in einer sauberen Argumentation nicht mit den Effekten der digitalen Transformation gleichgesetzt werden.

Die Geschichte des Medienwandels wiederholt sich nicht so einfach, wie das im Rückblick erscheinen könnte. Wir können zwar die Lesesucht-Debatte aus dem 18. Jahrhundert heranziehen, um die Vermutung zu unterfüttern, dass die Befürchtungen in Bezug auf Game- und Netz-Sucht verebben werden, sobald der Leitmedienwechsel vollzogen ist. Ähnliche Belege liefern auch Texte, mit denen die Einführung von Kinos zu Beginn des 20. Jahrhunderts oder die Verbreitung des Fernsehens nach dem Zweiten Weltkrieg begleitet wurden. Aber daraus ergeben sich keine Argumente, keine Analyse der entsprechenden Krankheitsbilder und Problemlagen. Sinnvoller wäre es, wie das etwa Martin Lindner getan hat, die aktuellen Studien und den Sucht-Diskurs kritisch zu prüfen (vgl. Lindner 2019). Lindner kann zeigen, dass Konzepte von stoffungebundenen Abhängigkeiten generell umstritten sind, der Suchtbegriff an sich als „wissenschaftlich überholt" gelten muss, „weil er suggestiv ist und nicht sauber von der Alltagssprache zu trennen ist" (ebd., S. 205). Der Suchtdiskurs begleitet Medienwandel in der Kulturgeschichte des Menschen. Lehrerkollegien führen teilweise unberechtigte Diskussionen. Das alles stimmt und ist historisch interessant – aber daraus lassen sich weder seriöse Prognosen noch brauchbare Argumente ableiten.

Mag sein, dass Prüfungsformate mit Netzzugriff bald selbstverständlich sein werden oder Lernmanagementsysteme die Lernfortschritte so kleinteilig vermessen, dass Prüfungen obsolet werden (oder der beste Fall: dass Lernende in digitalen Portfolios Kompetenzen nachweisen und deshalb nicht mehr geprüft werden müssen). Ausgewählte historische Anekdoten sind aufschlussreich. Sie sind aber nur im Rahmen genauerer Analysen und Argumentationen eine Basis für allgemeine Schlüsse, konkrete Prognosen oder Lösungsansätze zu aktuellen Problemen. Gerade im digitalen Diskurs werden historische Episoden oder Entwicklungen benutzt, um eine Gegenseite lächerlich darstellen zu lassen. Solche Verkürzungen sind bei offenen und wirksamen Diskussionen über die Entwicklung von Schulen und Hochschulen zu vermeiden, weil sie den Blick auf wesentliche Fragen verstellen und versuchen Sachzwänge herzustellen, die es so nicht gibt.

Wird im nächsten Abschnitt also ein historischer Verlauf beschrieben, so lässt sich aufgrund der bereits vorgelegten Überlegungen ein *Caveat* formulieren: Verallgemeinerungen oder präzise Voraussagen dürfen daraus nicht abgeleitet werden.

2 – Google Books

Die Idee hinter Google Books

Als Larry Page 1996 als Student den sogenannten ‚Crawler' entwickelte, aus dem die Suchmaschine Google hervorging, dachte er daran, die Technologie für „a single, integrated and universal digital library" zu entwickeln (zitiert in Somers 2017). Die Vision einer durchsuchbaren Netz-Bibliothek, die alle verfügbaren Bücher enthält und sie für alle Menschen zugänglich macht, war ab 2004 reif für die Umsetzung. Bis 2015 scannte Google in Zusammenarbeit mit Bibliotheken rund 25 Millionen Bücher, 2010 schätzte ein beteiligter Software-Ingenieur, es gebe weltweit 130 Millionen verschiedene Bücher (Taycher 2010). Seither ist beim Projekt ein Stillstand eingetreten. *Google Books* ist heute ein Steinbruch: Bestimmte Segmente der weltweiten Buchbestände sind in guter Qualität abrufbar, weitere nur in Auszügen und viele mehr sind gar nicht zugänglich. Weshalb ist das Projekt gescheitert?

Der Widerstand gegen die Vision

Im März 2009 initiierte der Heidelberger Literaturwissenschaftler Roland Reuß den *Heidelberger Appell*. Dieser reagierte auf das sogenannte *Google Book Settlement*, einen Vergleichsvorschlag, der Google ermöglicht hätte, Bücher auch gegen den Willen von Autorinnen und Autoren zu veröffentlichen. Der *Heidelberger Appell* wurde von Verlagen, Wissenschaftlerinnen und Wissenschaftlern sowie Autorinnen und Autoren gestützt. Er steht für den Widerstand gegen das Projekt von Google und für das Bestehen auf europäischen Normen des Urheberrechts ein.

Die Motive hinter dem Widerstand gegen das Google-Books-Projekt sind komplex. Grundsätzliche Skepsis gegenüber den digitalen Transformationen und den großen Digitalunternehmen mischt sich mit fehlendem Verständnis für die Vision hinter dem Projekt und dem Bestreben, zentrale Aufgaben des Bibliothekswesens nicht an ein privates Unternehmen zu übertragen.

Der Widerstand hat das Projekt für Google schwieriger gemacht. Seit 2012 hat das Unternehmen die Scan-Geschwindigkeit gesenkt, seit 2017 das Projekt fast gänzlich eingestellt. Zwar sind gescannte Bücher weiterhin über *Google Books* verfügbar, die Vision einer universalen digitalen Bibliothek hat aber an Bedeutung verloren, obwohl der Projektverlauf gezeigt hat, dass sie technisch wie rechtlich wohl umsetzbar wäre. Ein Grund für die Schwierigkeiten dürfte auch sein, dass sich Bibliotheken gewandelt haben: In allen Bibliotheken stehen heute Buchscanner, mit denen Texte digitalisiert und Leserinnen und Lesern angeboten werden.

Bücher digitalisieren

Bücher sind keine digitalen Texte. Was im Netz publiziert wird, lässt sich nicht gleichwertig ausdrucken, was gedruckt vorliegt, nicht gleichwertig digitalisieren. Das ist eine triviale Einsicht, die aber auch eine weitere Erklärung dafür bereithält, weshalb *Google Books* kein Leuchtturmprojekt ist, sondern ein Steinbruch: Funktionierende digitale Ressourcen wie das *Digitale Wörterbuch der deutschen Sprache DWDS* sind so konzipiert, dass sie als digitale Texte interaktiv funktionieren. Das tun digitalisierte Bücher nicht. Aus ihnen entstehen, wie Hanna Engelmeier (2017) gezeigt hat, neue Texte, die dann aber neben digitalen Ausgaben stehen. Anders formuliert: Neuerscheinungen werden heute als E-Book publiziert, also als digitale Texte, die für die entsprechenden Lesegeräte optimiert sind und Such- bzw. Interaktionsmöglichkeiten anbieten, und als gedruckte Bücher. Das gescannte gedruckte Buch ist nun eine Zwischenlösung, das nur für ganz spezifische Formen der Lektüre hilfreich ist (ein wissenschaftliches Buch konsultieren, nachdem die Bibliothek geschlossen hat; auf historische Quellen zugreifen; Seitenzahlen für E-Books nachschlagen).

Google Books ist also für Menschen interessant, die sich zwischen den beiden medialen Paradigmen befinden, deren Übergang die digitale Transformation darstellt. Das Scheitern des Projekts kann mit dem Vollzug dieses Übergangs erklärt werden: Ist das Netz Leitmedium, verlieren gescannte Bücher an Bedeutung.

Open Access *als Wiederholung der Debatte*

In Bezug auf wissenschaftliche Arbeiten wurden die Argumente rund um den *Heidelberger Appell* von neuem in Stellung gebracht: Gegen das Bestreben, wissenschaftliche Publikation allgemein kostenfrei zugänglich zu machen. Getragen wird der Widerstand gegen *Open Access* von Akteuren aus dem Wissenschaftsbetrieb und auch von Verlagen. Zwar setzt sich die Open-Access-Idee langsam durch, besonders bei der Vergabe von Fördermitteln. Der kontroverse Umgang damit zeigt aber deutlich, dass die technische Möglichkeit, Texte digital verfügbar zu machen, nicht konsequent umgesetzt wird und umstritten ist. (Die Akzeptanz von Open-Access hängt jedoch stark von den medialen Gewohnheiten und Gepflogenheiten der Fachrichtungen ab: Er ist dort am stärksten, wo der Buchkultur der größte Wert beigemessen wird.)

Die Buchkultur, so die Konsequenz aus dieser Überlegung, und die mit ihr verbundenen Gatekeeper-Funktionen sind gesellschaftlich so tief verankert, dass alleine die technische Möglichkeit einer Aufhebung von Beschränkungen nicht ausreicht, damit idealistische und technische Visionen umgesetzt werden können.

3 – Was bedeutet das für Hochschulen?

Philipp Riederle, der schon als Teenager als Keynote Speaker und Autor über die Auswirkungen digitaler Technologie nachgedacht hat, beschreibt in einem Artikel, wie er sich als potentieller Student die Universität der Zukunft vorstellt:

„Wieso stellen denn nicht die Top-5-Lehrenden ihres Fachgebiets ihre erstklassigen Vorlesungen landesweit zur Verfügung – und alle lernen von ihnen? Oder noch besser: Sie produzieren extra entwickelte Online-Vorlesungen, die sich dann für die große Hörerschaft lohnen. […] Ich stelle mir das so vor: Als Student melde ich mich bei einer beliebigen Universität an, ohne mich auf einen Studiengang festzulegen. Mit meinen Zugangsdaten logge ich mich auf einer zentralen Plattform ein, wo mir das gesamte Lehrangebot aller Universitäten zur Verfügung steht. Kenne ich bereits meine Interessen, stelle ich zielgerichtet meine Veranstaltungen selbst zusammen. Falls nicht, gibt es beispielhafte Playlists (was Ihr ehemals Studiengänge nanntet) oder Vorschläge vom System: „Basierend auf deinem bisherigen Verlauf könnten dich folgende Veranstaltungen interessieren …" Dabei behalte ich vollkommene Freiheit über die Gestaltung meines Studiums. Jeder Studierende kann sich individuell an den eigenen Lernbedürfnissen und Zielsetzungen orientieren." (Riederle 2019)

Riederle orientiert sich hier an ähnlichen Vorstellungen, die hinter *Google Books* oder Open Access stehen: Bestehende Lehrformen werden digital verfügbar gemacht und in eine einheitliche Form gebracht.

Die Argumentation dieses Essays lässt nun zwei unterschiedliche Schlüsse in Bezug auf diese Forderung zu: Diese Vision einer Universität für eine digitalisierte Gesellschaft wird erstens scheitern, weil Lehr- und Lernformen jenseits von *Youtube*-Vorlesungen entstehen. Bereits heute sind Playlists von wissenschaftlichen Vorträgen keine Netz-Inhalte, auf die intensiv zugegriffen wird: Die Playlist mit allen Vorträgen von der Tagung „Was ist Digitalität?" an der LMU in München vom Juni 2019 enthält zwei Monate nach der Tagung beispielsweise kein Video, das mehr als 500 Views aufweist. Zweitens lassen sich aus der Geschichte digitaler Medien und sozialer Interaktion keine Prognosen ableiten. Wer eine Geschichte erzählen will, in der aus Online-Videos die Hochschulen der Zukunft entstehen, wird dafür in der Mediengeschichte viele Hinweise finden. Wer zeigen will, dass das nicht klappen kann, kann auf die Analogie zu *Google Books* verweisen. Diese Argumentation führt aber ins Leere, da alle vergangenen Entwicklungen aus heutiger Sicht zwingend so verlaufen mussten, als zukünftige hingegen kontingent sind.

Interpretiert man die Geschichte von *Google Books* im Kontext der Entwicklung der Hochschulen, so lassen sich folgende Vermutungen daraus ableiten:

Visionen sind weniger stark als Systeme.

Die Vorstellung einer offenen Hochschule, die Lernen demokratisiert und ohne Zulassungen und formelle Abschlüsse Bildung für breite Bevölkerungsschichten anbietet, zeichnet einen Weg vor, auf dem eine Entwicklung verlaufen könnte. Durchsetzen kann sie sich aber nur, wenn sie ins System der Hochschulen integriert werden kann.

Entwicklungsprozesse/Fortschrittsprojekte können am Widerstand von Schlüsselfiguren und -institutionen zerbrechen.
Digitale Transformation muss fertig gedacht werden: Eine Digitalisierung vor-digitaler Strukturen ist kein Angebot, das in einer Netzkultur bestehen kann. Wenn also Hochschulen viel Energie darauf verwenden, klassische Seminare und Verwaltungsaufgaben in Lernmanagement-Systemen abzubilden, investieren sie damit nicht in die Zukunft, sondern in eine Übergangslösung, die entweder Steinbruch bleibt oder bald zu solch einem wird.

Private Unternehmen können gute Lösungen entwickeln und in kurzer Zeit viele Ressourcen in ein Projekt investieren. Sie übernehmen aber primär ökonomische, nicht gesellschaftliche Verantwortung und sind deshalb keine verlässlichen Partner für gesellschaftlich bedeutsame Institutionen.
Digitale Standards können dort disruptiv wirken, wo wenig Vertrauen vorhanden ist, die Usability massiv verbessert werden kann oder der Preis drastisch sinkt. Klassisches Beispiel ist etwa *Uber:* Die Taxi-Software verbessert auf einen Schlag für Kundinnen und Kunden wie auch für Fahrerinnen und Fahrer die Benutzerfreundlichkeit. Mit einem Auto mitfahren und Passagiere in einem Auto befördern wird durch *Uber* viel einfacher, aber auch sicherer: *Uber* garantiert auf beide Seiten eine bestimmte Qualität und einen festgelegten Ablauf. Dazu subventioniert das Unternehmen mit Investitionen die Fahrten, so dass die Preise deutlich unter denen etablierter Taxis liegen.

Google Books hat in einem Segment operiert, wo Preise kaum eine Rolle spielen, weil entsprechende Bücher in Bibliotheken ausgeliehen oder gelesen werden. Dort besteht auch ein Vertrauensverhältnis zu den Angestellten, die oft auch beratend wirken. Die Usability eines gescannten Buches dürfte in einigen Aspekten deutlich besser sein (Suchfunktion), in anderen aber auch massiv schlechter (lange Ladezeiten bei großen Scans, Abhängigkeit von einem digitalen Endgerät, fehlende Haptik des Buches).

Werfen wir, ausgehend von diesen Vermutungen, einen Blick auf die digitale Transformation der Hochschulen, so zeichnet sich eine Einsicht ab: Die Entwicklung wird – so die naheliegende Vermutung – von

Faktoren bestimmt sein, die das System schon heute prägen. Nachhaltig werden Innovationen sein, die vom Netz als Leitmedium ausgehen und nicht die Universität des 20. Jahrhunderts halbherzig digitalisieren.

Eine Disruption und damit eine massive Verschiebung der Deutungshoheit der Hochschule ist dann zu befürchten, wenn eine digitale Alternative gleichzeitig Kosten senken, die Usability verbessern und Vertrauen herstellen kann. Die von Riederle skizzierte *Youtube*-Universität gibt es heute schon im Netz. Sie kann aber lediglich die Kosten senken. In Bezug auf Benutzerfreundlichkeit und Vertrauen lässt sie sich nicht mit einem Studium an einer Hochschule vergleichen.

Referenzen

Engelmeier, Hanna: Was ist die Literatur in „Digitale Literatur"? In: *Merkur* 71/ 823 (2017), S. 31–45.

Lindner, Martin: Sucht, Demenz und schlechte Noten: Wie gefährlich sind „internetbezogene Störungen"? In: Martin Lindner, Axel Krommer, Dejan Mihajlović et al. (Hg.): *Routenplaner #digitaleBildung*. Hamburg 2019, S. 203–212, Online: https://routenplaner-digitale-bildung.de/ [abgerufen: 11. September 2019].

Riederle, Philipp: „Liebe Hochschulen…". In: *DUZ* 4 (2019), Online: https:// www.duz.de/beitrag/!/id/591/liebe-hochschulen-es-gibt-da-einige-din ge-die-muesst-ihr-uns-mal-erklaeren [abgerufen: 11. September 2019].

Somers, James: Torching the Modern-Day Library of Alexandria. In: *The Atlantic* (20. April 2017), Online: https://www.theatlantic.com/technology/ar chive/2017/04/the-tragedy-of-google-books/523320/ [abgerufen: 11. September 2019].

Taycher, Leonid: Books of the world, stand up and be counted. All 129,864,880 of you. In: *Google Books Search. Blog* (5. August 2010), Online: https:// booksearch.blogspot.com/2010/08/books-of-world-stand-up-and-be-counted.html [abgerufen: 11. September 2019].

Christian Montag

Der Hunger nach Talent im Silicon Valley und die damit einhergehenden Gefahren für die unabhängige Hochschule in Deutschland

Es ist ein etwas bedeckter Tag, als ich auf dem Campus eines großen Tech-Unternehmens im Silicon Valley unterwegs bin. Als nächster Termin im Rahmen meines Campus-Besuchs steht ein Treffen mit einem Tech-Entwickler an, der in dem dortigen Innovationslabor arbeitet. Nach dem Gang durch ein labyrinthartiges Gebäude und begleitet von Sicherheitspersonal betrete ich ein großes Labor. Dort sehe ich zunächst mehrere Reihen von Werkbänken, die den Raum bis an die hintere Wand füllen. In Stoßzeiten müssen hier sicherlich an die fünfzig Entwicklerinnen und Entwickler Platz zum Arbeiten finden. Auf den Werkbänken finden sich futuristisch aussehende Geräte und geöffnete Rechner, an denen anscheinend noch kürzlich herumgeschraubt wurde. Gerade ist jedoch kaum jemand bei der Arbeit. Der helle Raum entspricht einer gigantischen Werkstatt, in dem Tüftlerinnen und Tüftler ihrer Leidenschaft nachgehen können. Hier wird gelötet, es werden Mothaerboards verschraubt und auf den Computern programmiert.

Als ich schließlich den Labor-Raum durchquert habe, treffe ich auf einen Mann asiatischer Abstammung, der ungefähr Mitte Dreißig ist. Er lächelt mich freundlich an und stellt sich mir vor. Wir sind verabredet und schütteln uns zur Begrüßung die Hand.[1]

Bevor mein Gesprächspartner mir über seine aktuellen Projekte in dem Tech-Unternehmen berichtet, erzählt er mir in wenigen Sätzen einen interessanten Teil seiner Lebens- bzw. Familiengeschichte: Bereits sein Großvater hatte eine Professur in seinem Forschungsbereich inne. In dieselben Fußstapfen folgte sein Vater, er wurde dann ebenfalls Professor. Mein Gesprächspartner macht nach diesem kurzen Ausflug in seine Familiengeschichte eine Gesprächspause, um mir dann eine fast rhetorische Frage zu stellen: Was hätte er wohl für einen beruflichen Weg einschlagen sollen? Während er mich fragt, blitzen seine Augen kurz auf.

---

1 Ich bemühe mich darum, die Gegebenheiten des Gesprächs möglichst genau wieder zu geben. Dabei achte ich darauf, seine Identität durch das Nicht-Nennen des Unternehmens und zu detaillierten Angaben zu schützen.

Nach erfolgreichem Studium inklusive Abschlusses eines PhD in einem naturwissenschaftlichen Fach an einer amerikanischen Eliteuniversität, wäre eine wissenschaftliche Karriere in dem Fachbereich seines Großvaters und Vaters durchaus denkbar gewesen. Und auch mit einer Professur hätte es möglicherweise über kurz oder lang geklappt. Damit hätte er die Familientradition fortgesetzt.

Doch es kam anders. Schon während der Anfänge seiner Zeit als PhD-Student beschlichen ihn Zweifel, ob das aktuelle Hochschulwesen in den USA ihm das intensive Ausleben seines starken Forschungsdrangs ermöglichen würde. Zu diesem Zeitpunkt hatte er bereits Zuviel gesehen. Als Problemfelder identifiziert er in unserem Gespräch auf der einen Seite die hohe administrative Belastung und auf der anderen Seite fehlende finanzielle Ressourcen im Hochschulwesen. Letztere würde er dringend benötigen, um seine Ideen umsetzen zu können. Darüber hinausgehend nennt mein Gesprächspartner die Lehrverpflichtungen an der Universität und diverse politische Scharmützel als Hinderungsgrund, die er hätte ausstehen müssen, um in der Karriereleiter innerhalb von Academia nach oben steigen zu können.

Zeitgleich mit dem erfolgreichen Abschluss seines PhD-Studiums kam das Angebot von einem Unternehmen im Silicon Valley, für welches er nun arbeitet. Das Unternehmen kam mit einem großen Koffer voller Geld. Und dies in mehrfacher Hinsicht: Für ihn persönlich war ein sehr üppiges Gehalt vorgesehen, und vielleicht für ihn noch wichtiger, wurden genügend Ressourcen für seine Forschung in Aussicht gestellt. Antragswesen ade und mit Vollgas Richtung Forschung. Mein Gesprächspartner wirkt sehr zufrieden auf mich. Er scheint sich richtig entschieden zu haben, denn die Versprechungen des Unternehmens sind offenbar eingehalten worden.

1

Hätte ich ein solches Angebot damals in einer ähnlichen Situation auch angenommen? Ich kann diese Frage nicht eindeutig beantworten, halte es aber nicht für abwegig. Besonders in Deutschland empfand ich meinen Karriereweg auf eine Professur als steinig und von großer Unsicherheit geprägt. Damit stehe ich sicherlich nicht allein dar. Ich würde sogar so weit gehen zu behaupten, dass (fast) jede Akademikerin oder jeder Akademiker mit den Widrigkeiten des deutschen Systems kämpft. Ein besonderes Problem stellt in diesem Kontext sicherlich für den Mittelbau die Zwölfjahresregel im Wissenschaftszeitvertragsgesetz (WZVG) dar, weil es großen Druck auf alle Personen von Doktorierenden bis hin zu habilitierten Wissenschaftlerinnen und Wissenschaftlern ausübt (Wilde 2016). Im Vergleich zu Wissenschaftssystemen in angloamerikanischen Ländern fehlen in Deutschland permanente Stellen unterhalb der Professur, wie beispielsweise die Position eines *Lecturer* oder *Reader* (Artikel aus Österreich: Achternberg 2018). Wer es in Deutschland nach zwölf Jahren in der Wissenschaft nicht auf eine Professur geschafft hat, dem bleibt häufig nur noch der Ausstieg oder der Wechsel ins Ausland.

In Deutschland tickt die Uhr des WZVG ab dem ersten Promotionstag und schlägt zum ersten Mal laut nach sechs Jahren an. Dieser Zeitraum von sechs Jahren ist maximal für das Erreichen des Doktortitels angedacht, die zweiten sechs Jahr dann zur Habilitation und zum Erreichen einer Professur. Die sechs Jahre für die Promotion sind sicherlich großzügig bemessen, die komplette Dauer der zwölf Jahre für das Erreichen der Professur dagegen eher knapp. Gut, dass eine Person, die schneller promoviert, nicht benachteiligt wird und die ‚gesparten' Jahre aus dem ersten Zeitfenster an die zweite Periode anhängen kann. Trotzdem ergibt sich daraus ein enger Zeitplan, der dazu führt, dass ein unglaublich hohes Arbeitspensum entsteht, um es auf einen der begehrten Lehrstühle zu schaffen.

Die Probleme der befristeten Verträge im Mittelbau sind charakteristisch für das deutsche Wissenschaftssystem. Die von dem amerikanischen Wissenschaftler eingangs geschilderten Probleme wie Lehrbelastung und fehlende Forschungsressourcen verschärfen zusätzlich die Situation für die Wissenschaftlerinnen und Wissenschaftler in Deutschland. Durchaus vergleichbar zu den Schilderungen meines Gesprächspartners aus den USA sorgt das Prinzip der Selbstverwaltung innerhalb deutscher Universitäten für arbeitsintensive Vorgänge in der Administration, die ebenfalls die Arbeitszeit der Professorinnen und Professoren in Anspruch nehmen. Ergänzend kann ich aus eigener Erfahrung berichten, dass ich immer auf der Suche nach neuen Wegen bin, Gelder für meine Forschung einzuwerben. Die Deutsche Forschungsgemeinschaft als bedeutsamer Geldgeber vermag alleine die Ressourcen für Grundlagenforschung nicht ausreichend zu decken. Bis auf wenige Stiftungen wie von Daimler oder Volkswagen gibt es kaum nennenswerte nationale Geldgeber. Meistens hat mindestens eine Person aus meiner Arbeitsgruppe einen auslaufenden Vertrag, und es ist nicht klar, welcher der vielen Anträge, die ich jedes Jahr an die potentiellen Geldgeber schreibe, erfolgreich bewilligt wird, um so ein wenig Geld in die Abteilungskasse

zu spülen. Für die auf Befristung beschäftigten Personen ist das ein un-
erträglicher Zustand, und unter der emotionalen und zeitlichen Belastung
leidet das Forschungsprojekt.

2

Ich möchte folgende Rechnung aufstellen: Die ständige Antragsschrei-
berei bindet viel Arbeitszeit, besonders wenn man bedenkt, dass viele der
eingereichten Anträge nicht gefördert werden. Die Bewilligungsquoten
lagen bei der DFG im Jahr 2018 in der Einzelförderung in den Naturwissenschaften bei etwa 25 Prozent (DFG 2015–2018). Berücksichtigt
man neben den zeitlichen Aufwendungen für das Schreiben von Dritt-
mittelanträgen noch die Belastungen durch das Schreiben von ausführ-
lichen Gutachten für BSc.-, MSc.- und Doktor-Arbeiten, für den Peer-
Review-Prozess von Fachzeitschriften und für Drittmittelanträge anderer
Arbeitsgruppen, so bleibt wenig Zeit für die eigene Forschung. Ich selbst
habe seit Beginn meiner wissenschaftlichen Karriere im Wesentlichen
nach Feierabend oder am Wochenende geforscht. Die reguläre Arbeitszeit ist üblicherweise mit der Betreuung von Studierenden und Lehre
sowie der Teilnahme an Mittelbau- und anderen Gremiensitzungen
gefüllt. Ohne Familie kann man das sicherlich eine Zeit lang mitmachen.
Spätestens mit eigener Familie ist der Dauerzustand ‚Forschung nach dem
Feierabend‘ dem Umfeld schwer zuzumuten. Mir ist es wichtig klarzu-
stellen, dass ich meinen Beruf sehr gerne ausübe und nichts dagegen habe,
meiner Forschung hin und wieder nach Feierabend und am Wochenende
nachzugehen. Es bereitet mir Freude. Diese Dauerbelastung als Nor-
malfall anzusehen, halte ich jedoch für einen völlig unangemessenen
Zustand, zumal wir in Deutschland historisch dem Leitbild des Hum-
boldtschen Bildungsideals mit der Einheit von Forschung und Lehre
folgen. Der Begriff Administration taucht bei Humboldt genauso wenig
auf, wie das deutliche Übergewicht an Lehre gegenüber der spärlichen
Zeit für Forschung.

Zweifellos heißt es, dass man als Professor berufen wird, und in der
Tat sehe ich meine Tätigkeit als Wissenschaftler als Berufung. Ich bin
dankbar dafür, dass ich viele junge Menschen ausbilden darf und als
Professor frei in meiner Forschung bin. Trotzdem wundert es mich nicht,
dass der Beruf von außen (und auch von innen) als zunehmend unat-
traktiv wahrgenommen wird. Dies spiegelt sich in der zu Beginn erwähnten Anekdote aus dem Silicon Valley wider. Arbeitet man als

Wissenschaftler in einem wirtschaftlich attraktiven Bereich wie beispielsweise Artificial Intelligence (AI oder KI), kann man sich auf hervorragende Angebote von Unternehmen einstellen. Das hat die folgenschwere Auswirkung auf Academia, dass zunehmend mehr Wissenschaftler aus der unabhängigen Forschung abwandern (University World News 2018). Selbst in der Wissenschaft wird schon von dem ‚AI Brain Drain‘ gesprochen (Kunze 2019). Allerdings werden schon seit längerer Zeit nicht mehr nur AI-Spezialisten aus der unabhängigen Forschungslandschaft abgeworben. Beispielhaft steht hier die Person Thomas R. Insel. Vor einigen Jahren wechselte Insel von seiner Position als Direktor des renommierten *National Institute of Mental Health* (NIMH) ins Silicon Valley, um die damalige Alphabet-Tochter *Verily* mit seinem Know-how zu unterstützen. Mittlerweile arbeitet er als Vize-Präsident im Bereich des Digital Phenotyping bei der Firma *Mindstrong Health*. Ein großes Ziel des Digital Phenotyping ist es, mit App-Tracking-Technologien auf dem Smartphone die Versorgung von psychiatrischen Patienten zu verbessern, eine Geschäftsidee, in die inzwischen auch Jeff Bezos viel Geld investiert. In einem Artikel des Tech-Magazins *Wired* findet sich folgende Aussage von Thomas R. Insel über seine Beweggründe, NIMH zu verlassen: „I spent 13 years at NIMH really pushing on the neuroscience and genetics of mental disorders, and when I look back on that I realize that while I think I succeeded at getting lots of really cool papers published by cool scientists at fairly large costs – I think $20 billion – I don't think we moved the needle in reducing suicide, reducing hospitalizations, improving recovery for the tens of millions of people who have mental illness... I hold myself accountable for that." (Rogers 2017). Zusätzlich gibt er an, einen „entrepreneurial itch" entwickelt zu haben. Ich kann seine Argumentation nachvollziehen, mir erscheint in der Wissenschaft vieles behäbig und überreguliert zu sein. In Deutschland ist einer der Gründe für die Inflexibilität auch im Beamtentum zu suchen. Für mich ist es wenig nachvollziehbar, warum ein Hochschulprofessor heutzutage verbeamtet sein muss. Dies führt meiner Ansicht nach zu einer geringen Durchlässigkeit zwischen Wirtschaft und Forschung, die aber durchaus synergetische Effekte haben könnte. Gerne wird formuliert, dass gerade das Beamtentum unabhängiges Arbeiten ermöglicht. Dieser Gedanke ist sicherlich zutreffend. Auf der anderen Seite kann das Beamtentum auch schläfrig machen. Es sollte über ein allgemein gültiges Belohnungssystem für erfolgreiches Arbeiten an den Hochschulen nachgedacht werden, auch wenn klar ist, dass wissenschaftliche Leistung nicht ganz einfach zu messen ist, und in unterschiedlichen Fachbereichen unterschiedliche Kriterien angelegt werden müssen.

Eine Analogie zur Situation an den Hochschulen findet man in der Profession der Berufspolitikerin oder des Berufspolitikers. Auch hier findet eine Entfremdung vom normalen Berufsalltag vieler Menschen statt und die Durchlässigkeit zwischen Politik und Wirtschaft ist sehr gering. Mir erscheint es möglich, eine unabhängige Forschung ohne Beamtentum zu realisieren, welches in einer höheren Durchlässigkeit zwischen Wissenschaft und Wirtschaft und damit in einer stimulierenden Gesamtatmosphäre und alltagsnäheren Grundlagenforschung resultieren würde. Eine Voraussetzung für einen Wechsel zwischen Wirtschaft und Wissenschaft wäre eine leistungsbasiert an die Wirtschaft angepasste Gehaltsstruktur.

3

Eine existentielle Frage für die Hochschule der Zukunft lautet meines Erachtens: Wie kann man High Potentials überhaupt noch an der Universität halten? Wenn uns das nicht gelingt, könnten die Folgen dramatisch sein. Das Hochschulpersonal, welches Generationen an jungen Menschen ausbildet, ist irgendwann nur noch zweite oder dritte Garde. Zusätzlich können Hochschulen aufgrund unzureichender Ressourcen nicht in der Forschung mit großen Konzernen mithalten. Das letzte Pfund der Hochschule, nämlich dort wirklich unabhängig arbeiten zu können, ist spätestens dann auch weg. Was bringt einem persönlich die Unabhängigkeit an einer Hochschule, wenn keine ausreichenden Forschungsmöglichkeiten zur Verfügung stehen? Hält der Trend der Abwanderung von Gehirnmasse zu Tech-Unternehmen an, entsteht Wissen zunehmend schneller in der Wirtschaft. Dieses Wissen bleibt dann aber hinter einer Bezahlschranke und wird so möglicherweise nur in geringerem Umfang zum Wohle der ganzen Gesellschaft eingesetzt. Zusätzlich besteht die Gefahr, dass die Unternehmen als Geldgeber unredlich Einfluss auf Ergebnisse in der Forschung nehmen, was kürzlich wohl im Falle Google geschehen ist (Fuhrer 2017).

Was ist nun der Ausweg? Um ehrlich zu sein – ich weiß es nicht. Die Professorin Maja Pantić vom Imperial College London schlug kürzlich vor, dass die Politik die Gehälter für Wissenschaftlerinnen und Wissenschaftler in den Tech-Unternehmen regulieren sollte, so dass ein Wechsel ins Silicon Valley oder zu Tech-Unternehmen unattraktiver erscheint,

und damit Wissen weiterhin unabhängig und für die Gesellschaft frei
verfügbar von klugen Köpfen generiert wird (Hall 2018). Die Idee ist
nicht uninteressant, zumindest würde dadurch wohl die Unabhängigkeit
der Wissenschaftlerinnen und Wissenschaftler wieder ein wenig aufgewertet. Allerdings scheint mir die Einschränkung von Gehältern politisch
einen drastischen Schritt darzustellen. Im Übrigen wird die schlechte
Situation in Bezug auf mangelnde Forschungsressourcen in Academia
dadurch immer noch nicht besser. Es wird also kein Weg daran vor-
beiführen, die Ausstattungen der unabhängigen Hochschulen mit Hilfe
von Steuergeldern deutlich zu verbessern. Dieses Geld muss schneller und
unkomplizierter fließen, sonst sind Forschungsthemen, die heute en
vogue sind, bei einer tatsächlichen Ausschüttung des Forschungsgeldes
nach erfolgreicher Antragsstellung bereits veraltet und andere interna-
tionale Arbeitsgruppen haben schon längst die Nase vorn. Als Folge wird
Innovation in Deutschland gebremst. Ich selbst arbeite seit vielen Jahren
mit meiner Arbeitsgruppe auch an der UESTC im chinesischen Chengdu. Meine dortigen Kollegen haben auf so genannten *Thousand Talent
Professuren* deutlich weniger Lehrverpflichtungen und großzügige For-
schungsmittel zur Verfügung. Dort gelingt es dann auch deutlich
schneller, die eigenen Forschungsideen umzusetzen. Wir stehen nicht nur
im Wettkampf mit den USA, sondern mit klugen Köpfen aus der ganzen
Welt und besonders auch China (Montag, Becker 2018). Wir können es
uns nicht leisten, dass die besten Wissenschaftlerinnen und Wissenschaftler aus den unterschiedlichsten Disziplinen in die Wirtschaft oder an
die Hochschulen ins Ausland abwandern.

4

Ich bin davon überzeugt, dass die unabhängige Hochschule ein hohes Gut
darstellt und auch in einer digitalen Gesellschaft eine besondere Stellung
als Treffpunkt für Menschen und als Bildungsstätte einnehmen sollte.
Dazu gehört aber auch, dass sie es schaffen muss, möglichst allen Menschen einer Gesellschaft Bildungsangebote zu machen. Im Silicon Valley
wurden in den letzten Jahren einige Online-Universitäten gegründet. An
Online-Hochschulen wie Udacity können eng an den personellen Bedarf
des Silicon Valleys Studiengänge wie *AI Product Manager* oder *Sensor
Fusion Engineer* studiert werden. Selbst das MIT hat einen *MicroMaster*
entwickelt, der im ersten Semester nur auf Online-Vorlesungen beruht.
Im zweiten Semester wird dann auf dem Campus der Master abgelegt

(Huber 2015). Den Trend zur Online-Vorlesung gibt es auch in Deutschland. An meiner Hochschule werden wir zunehmend mehr dazu angehalten, unsere Vorlesungen aufzuzeichnen. Ich bin allerdings aktuell nur bedingt von den rechtlichen Rahmenbedingungen für das Konzept in Deutschland überzeugt: Als Dozierende werden wir unter anderem aufgefordert, jedes einzelne Bild in unseren Foliensätzen auf Copyright-Verletzungen zu überprüfen. Entweder besorge ich mir für jede Abbildung meiner 1.500 Folien entsprechende Rechte bei den Wissenschaftsverlagen oder ich lasse die Vorlesung nicht aufzeichnen. In einem geschützten Hörsaal kann ich schließlich mit meinen Studierenden diese Arbeiten anschauen und von Angesicht zu Angesicht diskutieren. Damit handelt es sich um einen direkten persönlichen Kontakt. Ich bin davon überzeugt, dass die Hochschule von morgen weiterhin ein Treffpunkt für bildungshungrige Menschen sein muss. Aber wer bezahlt eigentlich die zusätzlichen Kosten, die für das Beschaffen der Rechte für das Onlinematerial anfallen? Ergänzend sei erwähnt, dass ich wegen des raschen Erkenntnisgewinns meine Vorlesung ständig auf den neuesten Stand bringen muss. Kurzum, der Aufwand die entsprechenden Rechte für Vorlesungen einzuholen, steht in keinem Verhältnis zum Nutzen.

Meines Erachtens muss für die unabhängige Hochschule also ein besonderer rechtlicher Rahmen geschaffen werden, der es ermöglicht, unter der Sonderstellung der unabhängigen Hochschule wissenschaftliche Arbeiten kostenfrei zu verwerten. Das würde auch Online-Veranstaltungen deutlich erleichtern. Die *Creative Commons* Bewegung genauso wie das Open-Access-Publizieren ist hier sicherlich hilfreich, muss aber noch deutlich ausgeweitet werden. An meiner Universität ist in diesem Kontext besonders positiv zu erwähnen, dass das Publizieren der eigenen Arbeiten in reinen Open-Access Fachzeitschriften finanziell großzügig unterstützt wird. Das ist (noch) nicht der Normalzustand an einer deutschen Hochschule.

5

Es stehen für das Bildungswesen in Deutschland gewaltige Anstrengungen bevor. In einem Land, das sein Kapital vor allen Dingen aus seinen kreativen Ideen und der Entwicklung innovativer Produkten erzielt, muss das Aufrechterhalten eines erstklassigen Bildungssystem in einer zunehmend kompetitiven Welt eines der vorrangigsten Ziele sein. Zwar sind die Ausgaben für das Bildungswesen in den letzten Jahren durchaus gewachsen (Klös 2017), allerdings zeigen die relativ geringen Förder-quoten von Anträgen, dass dies immer noch nicht ausreichend ist. Da-durch, dass für Spitzenpersonal die Gehälter in der Wirtschaft deutlich attraktiver sind als in Academia, zeigt sich auch hier, dass in jedem Fall mehr Geld in die Hand genommen werden muss, um die besten Köpfe in der Wissenschaft zu halten. Es gilt, den Verlust an Qualität in Forschung und Lehre in dem deutschen Hochschulsystem aufzuhalten. Dem urei-genen Auftrag der unabhängigen Hochschule, Wissen zugänglich zu machen, stehen in modernen Zeiten Hinderungsgründe entgegen. Bei-spielsweise müssen die rechtlichen Rahmenbedingungen für das einfache Verwenden von Lehrmaterial in der (Online-)Lehre in der Hochschule geschaffen werden. Damit einher geht eine grundsätzliche Veränderung im Publikationswesen, in der Publizieren günstiger wird und die Last des Peer-Reviews abnimmt. Aktuell sehe ich aus diesen Gründen die deutsche Hochschullandschaft nur bedingt dafür gerüstet, die Disrup-tionen durch die Tech-Industrie abzufedern.

Interessenskonflikt

Christian Montag erhält gerade Forschungsgelder von *Mindstrong Health* aus dem Silicon Valley für ein wissenschaftliches Projekt an der Uni-versität Ulm. Zusätzlich ist Christian Montag Autor von mehreren Bü-chern als auch Redner bei vielen Unternehmen und Vereinen, die ihn teilweise für seine Vortragstätigkeiten bezahlen.

Referenzen

Achternberg, Susanne: Wissenschaftliche Personalentwicklung an den Hoch-schulen Österreichs. In: *Blog der Gewerkschaft Erziehung und Unterricht* 2018, Online: https://www.gew-nrw.de/meldungen/detail-meldungen/news/dauerhafte-positionen-in-der-wissenschaft-fehlen.html [abgerufen: 11. September 2019].

Deutsche Forschungsgemeinschaft (DFG), Bearbeitungsdauer und Erfolgsquo-ten 2015–2018. Online: https://www.dfg.de/dfg_profil/zahlen_fakten/statistik/bearbeitungsdauer/index.html [abgerufen: 11. September 2019].

Fuhrer, Armin: Google soll gezielt Wissenschaftler bezahlt haben, um seine politischen Ziele zu fördern. In: *Focus Online* (4. August 2017), Online: https://www.focus.de/wissen/silicon-valley-google-und-die-kaeuflichen-wissenschaftler_id_7432872.html [abgerufen: 11. September 2019].

Hall, Rachel: UK Government Urged to Hold Academic Brain Drain to Tech Firms. In: *The Guardian* (16. November 2018), Online: https://www.the

guardian.com/education/2018/nov/16/uk-government-urged-to-halt-academic-brain-drain-to-tech-firms [abgerufen: 26. März 2020].

Huber, Elias: MIT entwickelt neuen Online-Master. In: *Wirtschaftswoche* (20. Oktober 2015), Online: https://www.wiwo.de/erfolg/hochschule/moocs-studium-mit-entwickelt-neuen-online-master/12473594.html [abgerufen: 11. September 2019].

Klös, Hans-Peter: Entwicklung der Bildungsausgaben. In: *Institut der Deutschen Wirtschaft Kurzbericht* 72 (29. September 2017), Online: https://www.iw koeln.de/studien/iw-kurzberichte/beitrag/hans-peter-kloes-entwicklung-der-bildungsausgaben-seit-1995-359800.html [abgerufen: 11. September 2019].

Kunze, Lars: Can We Stop the AI Brain Drain. In: *Künstliche Intelligenz* 33,1 (2019), S. 1–3, Online: https://doi.org/10.1007/s13218-019-00577–2 [abgerufen: 11. September 2019].

Montag, Christian, Becker, Benjamin: China statt USA? Warum die deutsche Psychologie das Reich der Mitte im Auge behalten sollte. In: *Wirtschaftspsychologie aktuell*, 3 (2018), S. 17–20.

Rogers, Adam: Star Neuroscientist Tom Insel leaves the Google-Spawned Verily for … a Start-UP. In: *Wired* (5. November 2017), Online: https://www.wired.com/2017/05/star-neuroscientist-tom-insel-leaves-google-spawned-verily-startup/ [abgerufen: 26. März 2020].

University World News, AI Brain Drain as Tech Giants Raids Top Universities. In: *University World News* (7. September 2018), Online: https://www.universityworldnews.com/post.php?story=20180908080442934 [abgerufen: 11. September 2019].

Wilde, Anne: Das WissZeitVG: Prekäre Beschäftigung und die Zwölfjahresregelung. In: *Academics* (Februar 2016), Online: https://www.academics.de/ratgeber/wisszeitvg-wissenschaftszeitvertragsgesetz [abgerufen: 11. September 2019].

Marko Demantowsky

Quo ante. Die natürliche Resilienz gegenüber radikalen Veränderungen und die digitale Transformation

1 – Institutionelle Resilienz

Der tertiäre Bildungsbereich, Universitäten und Hochschulen aller Art, bereitet junge Menschen auf ihr künftiges Leben, insbesondere ihr berufliches, in der bürgerlichen Gesellschaft und ihre Verwendung darin vor. Das war seine offizielle Aufgabe, seit dieser Bereich in verschiedenen Formen, dem Wesen aber gleich, seit dem Beginn aller staatlich organisierten Zivilisation institutionell eingerichtet, auskömmlich finanziert und auf absehbare Dauer gewährleistet worden ist: die Begründung seiner Existenz. Akademische Expertinnen und Experten, Literate, waren zunächst und sind bis heute für die Tradierung der religiösen Überlieferung gefragt. Die fortschreitende Ausdifferenzierung der wirtschaftlichen und kulturellen Reproduktion führte rasch zu weiteren Angeboten tertiärer Expertenbildung. Die Humboldtsche Idee tertiärer Bildung (Gall 2011, 162–65) machte von dieser Zwecksetzung, wie oft fälschlich unterstellt wird, keine Ausnahme. Humboldt sorgte mit seiner Modell-Universitätsgründung von 1809 nur für effektivere Methoden und organisatorische Rahmungen im Horizont seiner Gegenwart. Hochschulen verdanken ihre externe Zwecksetzung der pragmatischen Zukunftsvorbereitung, und sie müssen sich beständig fragen lassen, wie sie diesem Auftrag gerecht werden.

Die grundsätzliche Schwierigkeit, ja: fast eine Aporie dieser Konstellation, eine auf die Zukunft gerichtete Zwecksetzung in ein didaktisches Handeln in der Gegenwart zu überführen, gleichsam ins Blaue zu handeln, wird gerne mit einem abstrakten Verweis auf das Potential akademischer Freiheit in einem System verantwortlicher Selbststeuerung zwar rhetorisch überbrückt, aber in der Sache nur unzureichend adressiert. Für die Belange universitärer Forschung, die per definitionem, jedenfalls ihrer Idee nach, in ihrem Ausgang offen ist, mag das eine gute Antwort sein. Für den Bereich der akademischen Lehre hingegen mit seinem Apparat von Reglementen, kanonischen Vorgaben, Prüfungen,

Evaluationen reicht dieser Verweis nicht, hat gewiss nie gereicht. Die vielbeschworene Einheit von Forschung und Lehre war auch an der Berliner Universität ein spannungsreiches Handlungsideal, insofern die Schulen, Kirchen, Kliniken, Verwaltungen von ihren spezifischen Anforderungen an die Personalakquise niemals lassen mochten (und zur Sicherheit externe Staatsexamina zu deren Prüfung verbindlich machten).

Die strukturelle Problematik folgt in sozialer Hinsicht aus der Tatsache, dass Dozierende Hochschulehre 'geben', Studierende also zu belehren unternehmen, Lehrveranstaltungen konzipieren, Lehrmittel produzieren, Studien- und Vorlesungspläne entwerfen und setzen und über das Mediensetting entscheiden, Studierendenleistungen bewerten, die selbst, jedenfalls zum grossen Teil und das insbesondere, wenn sie eine unbefristete Position erreicht haben, nicht in der langen Zukunft leben werden, auf die sie ihre Studierenden vorbereiten sollen, deren Erwartungshorizont bezüglich ihrer eigenen domänenspezifischen Praxis somit erheblich abweichen muss von dem ihrer Studierenden und deren Erfahrungsraum deutlich andersartige Prägungen hinterlassen hat (Koselleck 1976).

Das ist selbstverständlich ein durchaus allgemeines pädagogisches Strukturproblem, die Lebenserwartungsdifferenz der heutigen Zukunftsagentinnen und -agenten und der späteren Zukunftsakteurinnen und -akteure, die wesentliche Phasenverschiebung der Horizonte zuungunsten der steuernden Akteure im Prozess des Unterrichts, instruktivistisch vereinseitigend 'Lehre' genannt.

Oftmals wird hier eingewendet, dass diese Lebenszeit-Differenz kein Problem, sondern vielmehr Charakteristikum jeder didaktischen Situation sei, und sie allererst zu einer a-symmetrischen Wissensaustauschsituation mache. Es ist allerdings nicht die Lebenszeit-Differenz als solche, die diese Situation konstituiert, sondern die Differenz von Wissen und methodischem Vermögen im Hinblick auf einen bestimmten Inhalt oder eine bestimmte Aufgabe. Für diese Differenz ist das Lebensalter der Beteiligten kein entscheidender Faktor. Jede Volkshochschule führt dies beständig vor, um nur ein Beispiel zu geben.

Im Rahmen universitärer Lehre tritt dies in der Regel aus der Wahrnehmung, weil insbesondere im deutschsprachigen Hochschulwesen mit seinen spezifischen Karrierebedingungen die Wissenshierarchieausübung besonders starr lebensaltersbezogen aufgefächert ist. Sie ist in diesem Sektor gesellschaftlicher Wissensreproduktion eine Normalität. Als Normalität wird sie in den Augen der Akteure unsichtbar, solange die für diese Normalität und in dieser Normalität geschaffenen Handlungsrahmen stabil bleiben, woran wiederum jeder in ihnen bürgerlich etablierte Akteur sein Interesse hat. Unbefristet beschäftigte Dozierende sind mithin strukturell Normalitätsprofiteure.

Im Falle der digitalen Transformation, die zu reflektieren den Anlass dieses Textes bildet, spitzt sich dieses Strukturproblem der Lebenserwartungsdifferenz der Zukunftsagenten und der Zukunftsakteure erheblich zu. Die Erfahrungsdifferenz des Grossteils der heute unbefristet beschäftigten Dozierenden an den Hochschulen im Gegenüber zu ihren Studierenden ist in bestimmter Hinsicht, aber auch zugleich in allgemeiner: erheblicher, tiefgreifender, umfassender als sie es früher im Gegenüber anderer Generationen war. Es kann zugestandenermassen gar keinen Zweifel daran geben, dass es in der Vergangenheit auch schon ausserordentlich grosse Differenzen zwischen den Zukunftsagentinnen und -agenten und den Zukunftsakteurinnen und -akteuren gab, insbesondere in der Neuzeit, während der Jahrzehnte der industriellen Revolutionen (Osterhammel 2016, 909–957) oder auch in der Zeit des Durchbruchs des Wohlfahrtsstaates in den 1960er Jahren (Frei 2008).

Die Erfahrungsraumdifferenz zwischen den älteren Generationen, die ihre Primärsozialisation in den deutschsprachigen Ländern in einem Zeitalter der Nicht-Digitalität erfahren haben (ungefähr bis zum Geburtsjahrgang 1990, in regionaler Differenz) und denen, die in ihrer späten Pubertät und Adoleszenz von einem digitalen Alltag massgeblich bestimmt worden sind, ist immens. Zur Grenzbestimmung kann man sich auf die Markteinführung des iPhones im Jahre 2007 beziehen, die das WWW und zum technologischen Kern aller Jugendkultur ubiquitär machte, denn bald zogen billigere Konkurrenten nach. Die 1991 Geborenen waren 2007 16 Jahre alt, also in einem Alter, in dem man selbstständige Kauf- und Kulturentscheidungen spätestens vorzunehmen vermag. Es liesse sich gewiss gut argumentieren, dass diese Generationenkluft zwischen den im Analogozän sozialisierten Menschen und den Angehörigen des Digitalozäns schon früher aufzusuchen ist. Netzarbeitern wie dem Autor und wahrscheinlich der geneigten Leserin oder dem Leser, war die digitale Arbeit schon seit Mitte der 90er Jahre alltäglich. Vielleicht ist aber die späte, konservative Epochenannahme, die auf die Ubiquität des Netzzugangs abhebt, verlässlicher, wenn es um Standardbestimmungen geht.

Über die materiale Differenz von Analogozän und Digitalozän muss hier vielleicht nicht viel geschrieben werden, man dekliniere nur die Bereiche der eigenen Lebenspraxis, um die Differenzen zu markieren. Dabei befindet sich die die digitale Transformation seit Jahren in exponentieller Beschleunigung (King 2016, 19 f.), 'Industrie 4.0' ist nicht nur ein Schlagwort, sondern eine Sammelbezeichnung für die Wirksamwerdung der Digitalisierung auf neuer Ebene, eine zweite digital getriebene industrielle Revolution (Deutsches Bundesministerium für Bildung und Forschung 2013). Die sich beschleunigende Transformation erweitert die mögliche Veränderungswahrnehmung zusehends ins Totale.

Marc Prensky (2001) hat schon sehr früh diese Unterscheidung der im Analogozän Sozialisierten von den später geborenen mit der Differenz von 'Digital Natives' und 'Digital Immigrants' zu fassen versucht, dabei aber bei den Natives gegenüber den Immigrants gleichsam natürliche Vorteile zu erkennen geglaubt. Prenskys Unterscheidung ist inzwischen vielfach und plausibel relativiert worden. Man kann dieses Begriffspaar auch wertfrei nutzen, ohne die Vorannahmen höherer digitaler Literarität unter den Natives. Ich kenne keine kürzere und prägnantere Bezeichnung, deshalb möchte ich dies gern, die Kritik an Prensky aufnehmend, ohne weitere Vorannahmen tun. Den Einwand, dass hinter dieser Differenzierung unterschiedliche ökonomische, soziale, kulturelle Zugangschancen zur digitalen Transformation verborgen bleiben, ist richtig. Es berührt aber nicht die hier vorliegende Diskussion (Wampfler 2014).

Für die überwältigende Mehrheit der Absolvierenden von universitären Studienprogrammen wird diese kurze Zukunft der Dozierenden ausgesprochen lange dauern. Darin liegt ein Grund, warum Hochschulen, ihre Arbeits- und Unterrichtsmethoden und ihre Bildungsinhalte (ob Gegenstands- oder Handlungswissen) offenkundig als in Richtung bestenfalls ihrer Gegenwart, eigentlich aber in Richtung einer schon gestaffelten Vergangenheit von Zwecken und Normen orientiert erscheinen.

Unbefristete Dozierende bleiben lange im Amt, schöpfen nolens volens selbst aus einer persönlich erfahrenen akademischen Praxis, die vergleichsweise weit zurückreicht und sehr stark von beruflichen Alltagsroutinen und Traditionen bestimmt ist, tief verwurzelt im analogen Zeitalter, das gilt vor allem für die Kultur- und Geisteswissenschaften.

Die disziplinäre Studien-Grundlagenliteratur wurde zwar längst immerhin E-Learning und -plattformkompatibel gescannt. In der Regel handelt es sich dabei aber lediglich um Scan-Reproduktionen mit dem einzigen Mehrwert der leichteren Verfügbarkeit. Die Arbeitsweise in den Seminaren und Vorlesungen veränderte sich dadurch nur unbeträchtlich.

Universitäre Lehrmittel, v. a. lehrveranstaltungsorientierte Handbücher und besonders die erfolgreichen Longseller, verfasst wiederum von arrivierten Dozierenden mit langer akademischer Institutionenprägung, werden von den Verlagen aus guten betriebswirtschaftlichen Gründen noch immer vorwiegend als Printprodukte angeboten. Auch in Umgang mit diesen Eckpfeilern universitärer Lehrpraxis manifestiert sich die digitale Transformation lediglich als ein Verlust an Körperlichkeit und Gegenständlichkeit des Wissens. Die Lehrmittel erscheinen heutigen Studierenden im Kern in gleicher Form wie vor 25 Jahren, sie sind eben nur verbreitungseffektiv gescannt und in Universitätsclouds abrufbar abgelegt. Der Wissenshorizont dieser Lehrmittel ist allerdings ebenfalls notwendig auf die Gegenwart, in der Regel aber an den Horizonten einer gestaffelten Vergangenheit ausgerichtet. Das alles atmet und manifestiert den akademischen *status quo ante*.

Das ist ein strukturelles Problem von Bildungseinrichtungen, es tritt nur in einer Gegenwart der umfassenden digitalen Transformation besonders deutlich vor Augen. Hochschulen lehren nicht für die Zukunft, sondern für die vergangene Gegenwart von Menschen wie die des Autors und vermutlich der meisten der Leserinnen und Leser dieses Textes, die wir das Meiste unserer Biographien bereits gesehen haben.

Die Welt unserer Gegenwart ändert sich rasant. Man darf vermuten, dass an dieser Stelle der Einwand inzwischen mit Nachdruck erhoben wird: Was ist daran wirklich neu?

Natürlich gab es auch zu anderen Zeiten rasante Veränderungen. Vor allem das 20. Jahrhundert hat durch seine politischen und ideologischen Kämpfe, seine Kriege, Massenmigrationen, seinen Massenterror, die willkürliche Verschiebung von Grenzen usw. zu so vielen schnellen und umwälzenden Veränderungen in fast der ganzen Welt geführt, dass sich nach dem Ende des Kalten Krieges wahrscheinlich alle Menschen ein kommendes Zeitalter des Friedens, der Stabilität, der Sicherheit und der kulturellen Kontinuität im Wohlstand und der individuellen Freiheit wünschten. So unterschiedlich die Situationen in unseren Ländern auch gewesen sein mögen, dieser Wunsch hat wahrscheinlich die überwiegende Mehrheit der damaligen Menschen bewegt, und wie oft und einschneidend wurde diese Hoffnung seitdem enttäuscht. Kann etwas nicht einfach so bleiben, wie es ist, wenn es gut oder zumindest erträglich ist? Das ist eine Frage, die viele zu bewegen scheint, jedenfalls wäre das eine mögliche Erklärung für das Erstarken identitärer und populistischer politischer Bewegungen.

Vielleicht ist es dieser Kontext, die effektive lange Erfahrung der zwei oder drei aktiven Generationen, die es für Schulen und Universitäten besonders schwierig macht, schnelle und adäquate Lösungen für eine neue superschnelle Transformation der Welt zu finden und ihr in der akademischen Bildungsrealität Geltung zu verschaffen, um die es jetzt im Folgenden gehen soll: der digitalen Transformation, der zeitversetzten Disruption aller Gewohnheiten, zeitlich gestaffelt je nach Beharrungskraft des gesellschaftlichen Subsystems, nach dem Muster des Dominoprinzips.

Bevor es jedoch zu einer Differenzierung dieser digitalen Herausforderung speziell des Systems der tertiären Lehre kommt, soll auf zwei weitere Faktoren hingewiesen werden, die einer angemessen raschen und tiefgreifenden Veränderung und Anpassung des Hochschulsystems im Wege stehen.

Die Grundfaktoren des allgemeinen Hochschulsystems, seine Gebäude und deren Struktur, deren Einrichtung, die Unterrichtsformen, die Erwartungen an Dozierende und Studierende, seine kanonischen Inhalte sind in den letzten sicher 50 Jahren, sektoral aber länger, mehr oder weniger unberührt geblieben. Nur die dafür gesetzten Ziele und einige pädagogische Ideen haben sich etwas verändert, Inhaltselemente wurden gestrichen oder ergänzt. Aber es ist jedenfalls seit der Bildungsexpansion Ende der 60er/Anfang der 70er Jahre bis heute mehr oder weniger das gleiche Spiel geblieben, so wie sich der Fußball entwickelt hat, aber immer noch Fußball ist. Diese Art von Hochschule wird heute durch die umfassende digitale Revolution grundlegend in Frage gestellt. Niemand konnte darauf vorbereitet sein oder darauf vorbereitet werden. Das Ausmass der nötigen personalen, organisatorischen und baulichen Veränderungen erscheint unabsehbar gross, die seit 20 Jahren immer wieder in Teilbereichen administrativ erzwungenen Anpassungen erschienen defensiv, oft ohne gestalterische Leitidee, ohne Vision und Einsicht in einen Gesamtprozess, getragen nur von wenigen Spezialisten und haben kaum einen Dozierenden als Zuwachs an Arbeitsqualität überzeugt. Nach der Stabilisierung der anfänglich auch noch lange Zeit wenig funktionalen Lehrverwaltungs- und E-Learning-Tools (zur Kritik vgl. Demantowsky 2015), vermag man immerhin Gewöhnungseffekte an einen Stand von digitaler Technologie festzustellen, den es schon seit mindestens 15 Jahren gibt, der inzwischen allerdings einfach besser funktioniert.

Diese halbherzigen und oftmals ungeeigneten Versuche der universitären Verwaltungen angemessen zu reagieren, oftmals nur motiviert und durch die Geldgeber angeschoben im Blick auf Einsparpotentiale von Personalkosten, haben eine grundsätzliche Abwehrhaltung, eine Resilienz verstärkt, deren Hauptanliegen es ist, die gelernten Routinen der tertiären Lehre zu bewahren und die gesellschaftlich längst tiefgreifend sichtbar werdende digitale Transformation so lange als möglich vom behüteten Raum der eigenen Berufspraxis fernzuhalten.

Darüber hinaus gibt es ein weiteres, vielleicht unerwartetes Problem: die zunehmende Attraktivität gewinnorientierter technologischer Angebote großer digitaler Unternehmen, wie sie sich auf den grossen Bildungs- und Game-Messen der Welt schon jetzt in erstaunenswerter Weise betrachten lassen. Je grösser die Differenz zwischen dem Stand der gesellschaftlichen digitalen Transformation und der akademischen Lehrrealität, zwischen den Bedürfnissen einer dominant digital geprägten Generation und den älteren Dozierenden, zwischen den Anforderungen einer antizipierbaren späteren Berufsrealität und den tertiären Lehrangeboten wird, desto grösser wird die Chance und Wahrscheinlichkeit, dass die großen digitalen Konzerne nun auf breiter Front in dieses Feld eintreten und die Hochschulen in Instrumente der Kundenbindung und Datenproliferation verwandeln. Dieser Prozess lässt sich an den Sekundarschulen schon jetzt beobachten. Viele Lehrpersonen kritisieren dies zu Recht. Es nährt zusätzlich ihre Skepsis, ihre Lehrkonzepte und Lehrhabitus angesichts der digitalen Transformation zu überdenken. Digitale Resilienz wird so zu einem Aspekt von kapitalismusskeptischer Gesellschaftskritik, was die Realität dann richtig spiegelt, aber an den Herausforderungen und Chancen der digitalen Transformation nicht zuletzt auch für die akademische Lehre vorbeigeht.

Schliesslich, um einen letzten Aspekt für die dominierende digitale Resilienz des akademischen Lehrbetriebs anzuführen, das fortbestehende Orientieren an einem Status quo ante: Es fehlt an praktisch erprobten und wissenschaftlich getesteten hochschuldidaktischen Modellen für die digital fundierte und orientierte tertiäre Lehre in den einzelnen Disziplinen. Es fehlt an disziplinspezifischen Operationalisierungen. Nur sehr wenige Kolleginnen und Kollegen haben sich um die vorhersehbaren Herausforderungen der digitalen Transformation gekümmert; nur sehr wenige digital aufgeschlossene und teils digital begeisterte Dozierende konnten Konzepte und Ideen an der Basis entwickeln (vgl. Demantowsky 2017). Die wenigen dieser Bemühungen blieben weitgehend isoliert, fanden kaum Anschluss und Nachahmung. Auch die elaborierte medienpädagogische Forschung mit ihren speziellen Lehrstühlen und Abteilungen (vgl. exzellent: Petko 2014) blieb weitgehend ein geschlossener Bereich. Seit wenigen Jahren zeigen sich hier insofern Veränderungen, als die Nachfrage nach entsprechenden Fortbildungen steigt. Fakultätsleitungen erkennen den Bedarf, zunehmend mehr Dozierende folgen den Einladungen in diese Veranstaltungen.

Seit wenigen Jahren entwickelt sich, auch das ein Hoffnungszeichen, in den fachspezifischen disziplinären Didaktiken eine Forschungslandschaft, die vor allem von jungen Doktorierenden geprägt wird, deren Lebensrealität das digitale Eintauchen einschließt; sie gehören zu den Digital Natives (Prensky 2001).

2 – Was bedeutet die digitale Transformation für die tertiäre Lehre

Aber was ist diese digitale Transformation, die in vielerlei Hinsicht auch als Revolution bezeichnet werden kann? Diese Frage kann auf viele Arten diskutiert werden, aber hier soll nur ein Aspekt kurz angerissen und dann anhand von sechs Feldern beispielhaft verdeutlicht werden, der für das Hochschulsystem besonders relevant ist, nämlich die völlig differente Art und Weise, wie im Vergleich zum Analogozän Wissen in allen Bereichen dokumentiert, kontextualisiert, gespeichert, strukturiert und präsentiert wird oder werden kann.

Das Konzept des Digitalen ist, wenigstens als Wort, als Bezeichnung, inzwischen mehr als vertraut. Es klingt abstrakt, kaum noch jemand denkt darüber nach. Dennoch beschreibt es sehr genau, was sich alles und wie es sich verändert. Die Tatsache, dass Informationen binär kodiert sind, ist nur scheinbar ein gradueller Unterschied zu komplexeren Kodierungen, wie beispielsweise der tausendfachen Leistung menschlicher Sprachen und ihrer Zeichensysteme. Die radikale Einfachheit dieser binären 1−0-Codierung lässt buchstäblich keinen Stein unverrückt, stellt alle Gewissheiten in Frage. Wissen unterschiedlichster Herkunft und Codierung verwandelt sich, und es funktioniert eigentlich fast wie die Alchemie, sowohl hinsichtlich der Neu-Erzeugung von Objekten unseres Wissens als auch der Form des Wissens über diese Objekte. Die radikal einfache Binärcodierung formiert schliesslich beides digital fortschreitend zur Vollständigkeit. Das Attribut 'digital' ist damit technisch konkret, auch wenn die daraus resultierende Vielfalt von Format, Anwendung, Komplexität und Praxis universell ist. Das ist das Paradoxon dieses Konzepts des Digitalen: Extrem konkret und extrem allgemein zugleich zu sein. Die einfachste Codierung macht jede Information nahezu beliebig übertragbar, lesbar, speicherbar, formbar, übersetzbar, verknüpfbar, durchsuchbar, ausbeutbar. Die tendenziell komplette Vernetzung diverser Daten planiert Gebirge von Inkommensurabilität jeder Art.

Sechs technologische Innovationen aus dieser so begriffenen Digitalität verändern unsere Weltbegegnung und damit auch alle Bildungsprozesse, ob intentional oder non-intentional, grundlegend. Nicht überall auf der Welt zur gleichen Zeit selbstverständlich, sondern vielmehr ausgehend von Regionen, Bereichen, Gruppen mit hoher Innovationsdichte allmählich in alle anderen Regionen, Bereiche, Gruppen in einer Geschwindigkeit, die vom Verhältnis der Investitionskosten zu den bereitgestellten Ressourcen abhängt sowie von Profitantizipationen und ihrer Marktfreiheit.

Einige kurze Bemerkungen zu diesen sechs technologischen Innovationen in ihrer beobachtbaren oder antizipierbaren Rückwirkung auf tertiäre Lehre.

Die Speicher- und Netzrevolution

Das Wissen aller möglichen Formen ist nicht mehr in geschützten Institutionen mit eingeschränktem (zumindest kanalisiertem, kontrolliertem) Zugang konzentriert. Jede Person und jeder Studierende hat permanenten und ubiquitären Zugang zur größten Bibliothek aller Zeiten, insofern diese in der Regel beständig in der Hosentasche getragen wird. Man braucht nicht in die nächstgrößere Stadt oder ins Stadtzentrum zu fahren. Man muss nur noch verschwindend wenig Zeit, Geld, Energie investieren, um an Informationen zu gelangen. Es ist alles einfach da, in jeder Hosentasche, solange man sich in der Reichweite eines Telefonnetzes befindet. Darüber hinaus werden diese Wissensressourcen als Ganzes nur mit hohem technischen Aufwand geschlossen, können jedenfalls nicht verbrannt werden, können nur sehr mühsam indiziert werden (wiederum abhängig von spezifischen Orten in einer globalen Infrastruktur des Wissens) – denn als multiple dezentrale Informationen unterliegen sie nicht den lokalen Bedingungen eines Ortes. Aber nun, wo ist die Hochschuldidaktik des allgemein zugänglichen Wissens für alle Fachgebiete? Wo ist die didaktische Reflexion auf die Einebnung von Wissenshierarchien zwischen Dozierenden und Studierenden? Wir arbeiten immer noch überwiegend mit Lehrbüchern oder ihren Zwillingsgeschwistern: den Moodle-Kursen und damit auch deren heteronomen Heuristiken und deren Gesten des Ausreichendseins.

Games und Gamification

Die Game-Industrie gilt heute als einer der wichtigsten Inkubatoren für technologische Innovationen. Wer die führenden Spielemessen besucht, besucht die mittelfristige Zukunft der epistemischen Reproduktion. Über die Transponierung der effektiven Strukturen digitaler Games in alle denkbaren Bereiche von Wirtschaft, Militär, Gesellschaft, die Gamification, werden die Entwicklung der Game-Industrie allerorts wirksam (Anderie 2018, 37–41).

Viele junge Menschen verbringen heute einen relevanten Teil ihrer Freizeit in digitalen Spielwelten. Wer wissen will, welche Präkonzepte beziehungsweise Alltagstheorien viele Studierenden in die Lehrveranstaltungen mitbringen, der muss eine der gegenwärtigen Hauptquellen intensiv betrachten und deren sehr prägnante, digital generierte imaginäre Welt kennen. Gleiches gilt für Streaming-Dienste mit ihren grenzenlosen Filmserien. Beide Verbraucherangebote von Ideen, Bildern, Klängen, Gefühlen, Vorstellungen, d. h. kodiertem Wissen fast aller Art, werden von den Spielerinnen und Spielern umfassend aufgenommen und sind daher für die disziplinäre akademische Lehre relevant, weil sie sich äußerst unauffällig und dennoch effektiv auf die neuropsychologische Natur des menschlichen Gehirns beziehen. Auch die taktilen Empfindungen werden eine Rolle bekommen. (Björn Klein weist darauf hin: sie haben es längst. Man denke an die DualShock Gamescontroller, die taktile Empfindungen schon seit 1998 imitieren.)

Die Game-Programmierungen arbeiten virtuos mit Belohnungen, mit emotionalen Triggern und befinden sich nun auf einer technischen Ebene, die Erfahrungswelten bietet, mit denen das wirkliche Leben oft kaum mithalten kann. Die Lehranstrengungen zur Schaffung und Aufrechterhaltung der Motivation tun gut daran, diese Muster zu reflektieren, sich mindestens damit auseinanderzusetzen. Man kann sehr viel und sehr intensiv lernen über Physik, Geschichte, Musik oder Biologie, die Frage ist, in welchem Verhältnis dieses Wissen zu wissenschaftlich begründetem Wissen steht oder zu stehen kommt.

Mixed Reality

Mixed Reality entführt all jene, die sich ihr aussetzen, buchstäblich in eine andere Welt. Diese Reise wird immer noch durch die Unhandlichkeit der entsprechenden Geräte, zumeist einer Art von Brille, behindert, aber das

Bequemerwerden ist nur eine Frage der technischen Entwicklung. In dieser Mixed Reality sind Informationen über die dort zu sehende Welt in die Objekte eingewoben. Wir müssen Informationen nicht mehr auf einem Computerbildschirm abrufen. Es ist das Weltwissen oder eben die Auswahl der Gestalter omnipräsent, inhärent den Gegenständen der immersiven digitalen. Wissen begegnet den Nutzenden, Akteursbewusstsein wird radikal in Frage gestellt. Die Realität der Nutzerinnen und Nutzer wird buchstäblich erweitert. Ob die Informationen korrekt sind, welche Perspektiven sie enthalten, wer die Autorinnen oder Autoren sind, ist für User nur schwer zu verstehen, ganz anders als bei einem herkömmlichen Lehrbuch. Mixed Reality enthält auch potenziell unüberschaubare Elemente der virtuellen Realität. Die Annahme einer für die menschliche Erfahrung konstitutiven Übereinstimmung der tatsächlichen Objekte in der Welt wird abgeschafft. Korrespondenz besteht nur zu den Objekten innerhalb dieser Virtualität, für die uns die Erfahrung der Beständigkeit fehlt. Wenn man sich jetzt die Augmented mit der virtuellen Realität ergänzt vorstellt, dann betrachtet man diese harmlos klingenden Mischrealitäten hier in diesem Text noch von aussen. Tatsächlich überschreibt Mixed Reality jedoch alle epistemischen Gewissheiten der bisherigen akademischen Schulweisheit. Wo sind die neue Hermeneutik und Ontologie der gemischten Welten?

Granulation via Algorithmisierung

Die Welt, wie wir sie kennen, ist auf Standard getrimmt (sehr eingängig: Gehlen 2017). Die Geschichte der Moderne ist eine Geschichte der Standardisierung der Welt. Die Entwicklung der modernen Universität in Europa im 19. Jahrhundert und auch die tertiäre Bildungsexpansion vor 50 Jahren selbst sind Instrumente der Standardisierung. Diese Normen haben die Industrie ermöglicht, Bildung für alle, Tourismus, Fernsehen usw., aber dieses System hat auch viele Nachteile, denn es passt nie ganz zu uns, was für uns qua Norm zugedacht ist, manchmal passt es auch gar nicht. Auch hier führt die digitale Transformation zu einer Umkehrung aller Gewohnheiten, paradoxerweise durch die Radikalisierung der Standardisierung von Informationssignalen ins Binäre. Dies und die Speicherrevolution ermöglichen es, enorme Datenmengen algorithmisch zu verarbeiten und verfügbar zu halten, die es dann ermöglichen und sinnvoll machen, die Angebote zu granulieren, d. h. sie im Detail an die Bedürfnisse des Einzelnen anzupassen. Das ist etwas, was man schon heute in den neuesten Infrastruktursystemen beobachten kann, versteckt in vielen Stellen des Alltags ist es bereits Realität, wenn auch vielleicht seltener in Mitteleuropa. Was das für die tertiäre Lehre bedeutet, auch in Verbindung mit der Gamification, wird ohne weiteres deutlich: das absehbare Ende des traditionellen hierarchischen Unterrichts in grossen Gruppen zugunsten individualisierter Lernumgebungen und personaler Curricula.

Robotics

Wir wissen, dass menschliche Arbeit schrittweise durch Maschinen ersetzt wird, seitdem es die menschliche Kultur gibt. Neu ist wahrscheinlich, dass dieser Ersatz in Bereiche vordringt, in denen die Menschen bisher dachten, dass sie vor dem Austausch sicher wären, z. B. in der Universität. Man stelle sich vor, es würde Robotik mit Gamification, Mixed Reality und Granulation verbunden, und man sieht, dass solche intelligenten Maschinen neue Lernumgebungen in einer Perspektive schaffen können, die auf den einzelnen Studierenden zugeschnitten sind, die nicht müde oder unprofessionell werden und absolut neutral gegenüber jedem Lernenden sein können, insofern ihre interne interaktive Wissensbegegnungssteuerung über abstrakte Algorithmen und konkrete individuelle Dateninputs und -outputs erfolgt. Das geteilte und durch Designer intentional gestaltete Interface stellt demgegenüber nur noch die Benutzungsoberfläche dar. Robotics funktionieren evidenzbasiert über rückgekoppelte Testverfahren. Darüber hinaus werden ihre Anschaffung und Instandhaltung mittelfristig weitaus günstiger sein als die Beschäftigung eines Menschen. Sie werden kommen (Bodkin 2017).

Visual Perceptive Media

Eine Amalgamierung all dieser Technologien mündet in die Visual Perceptive Media. Nur ein kurzer Blick darauf: Diese Technologie an der Schnittstelle von Mensch und Maschine betrifft ein Grundverhältnis moderner Gesellschaften, nämlich dass grundsätzlich alle Mitglieder einer Gesellschaft die gleichen kulturellen Erfahrungen in medialen Umgebungen haben oder zumindest haben können. Diese grundlegende Beziehung bestimmt auch weitgehend unsere Bildungssysteme, sie regelt den Status von Studienplänen und Lernmitteln. Aber darüber hinaus ist es für unser Selbstbild im Kollektiv unerlässlich, dass wir uns selbst erkennen, indem wir die gleichen Filme gesehen, die gleichen Spiele gespielt, die gleiche Musik gehört haben. Visual Perceptive Media verändern das Medienangebot je nach Nutzer, je nach Zustand, Stimmung. Sie sitzen nebeneinander und sehen einen anderen Film, eine andere Handlung, eine andere Kulisse. Wir verlassen die gemeinsame Realität eines Kollektivs. Welche Antworten hätte ein Studium künftiger kultureller Multiplikatoren darauf? (BBC abger. 2019)

3 – Was ist zu tun?

Wenn das System tertiärer Bildung an den Hochschulen und Universitäten weiterhin die Vorbereitung auf eine lange Zukunft seiner Studierenden übernehmen oder sogar sicherstellen soll, dann müssen alle Gewohnheiten und Einrichtungen dieser akademischen Institutionen auf den Prüfstand gestellt werden. Eine große Reformdebatte ohne Tabus müsste beginnen. Hochschuldigitaldidaktische Labore müssten überall eröffnet werden, jedes mit einem anderen Akzent, die eingespielten und selbst routinisierten Kreise der Experten und Expertinnen, zu denen sich auch der Autor selbstkritisch zählt, müssten aufgebrochen und durch Interessenten jeden Alters und Berufes, aller sozialen Milieus ergänzt werden. Dozierende müssten wieder Studierende werden wollen, der Staat oder der jeweilige finanzielle Träger müsste bereit sein, viel Geld zu investieren und sich dabei an der Idee der Subsidiarität zur Gewährleistung von freier und aufs Ganze bedachter Konkurrenz orientieren. Gleichzeitig sollte empirisch systematisch untersucht werden, wie die Hochschule langfristig in einer post-digitalen Gesellschaft Studierende bewusst befähigen kann, das Andere, die Magie und die Grenzen des Analogen zu erfahren.

Die Welt um uns herum verändert sich in der digitalen Transformation rasant, und wenn sich die tertiäre Lehre als System nicht proaktiv und visionär gestaltend an sie anpasst, verliert sie einen wichtigen Teil ihrer gesellschaftlichen Funktion: die Vorbereitung junger Menschen auf die Zukunft.

Referenzen

Anderie, Lutz: *Gamification, Digitalisierung und Industrie 4.0. Transformation und Disruption verstehen und erfolgreich managen.* Wiesbaden 2018.

BBC, Research & Development: Visual Perseptive Media. Personalised video which responds to your personality and preferences. Online: https://www.bbc.co.uk/rd/projects/visual-perceptive-media [abgerufen: 6. Juni 2019].

Bodkin, Henry: 'Inspirational Robots' to begin replacing teachers within 10 years. In: *The Telegraph* (11. September 2017), Online: https://www.telegraph.co.uk/science/2017/09/11/inspirational-robots-begin-replacing-teachers-within-10-years/ [abgerufen: 6. Juni 2019].

Deutsches Bundesministerium für Bildung und Forschung. Referat IT-Systeme: *Zukunftsbild „Industrie 4.0".* Bonn 2013.

Demantowsky, Marko: Die Geschichtsdidaktik und die digitale Welt. Eine Perspektive auf spezifische Chancen und Probleme. In: ders., & Pallaske, Christoph (Hg.): *Geschichte lernen im digitalen Wandel.* München 2015, S. 149–161.

Demantowsky, Marko: Wikipedia und Lehrerbildung. In: *Forum Didaktik der Gesellschaftswissenschaften in der Nordwestschweiz* (12. Oktober 2017), Online: http://www.gesellschaftswissenschaften-phfhnw.ch/wikipedia-und-lehrer bildung/, [abgerufen: 6. Juni 2019].

Frei, Norbert: *1968. Jugendrevolte und globaler Protest.* München 2008.

Gall, Lothar: *Wilhelm von Humboldt. Ein Preusse in der Welt.* Berlin 2011.

Gehlen, Dirk v.: *Meta! Das Ende des Standards.* Berlin, 2017.

King, Brett: *Augmented – Life in the smart lane.* Singapore 2016.

Koselleck, Reinhart: „Erfahrungsraum" und „Erwartungshorizont" – zwei historische Kategorien [1976]. In: ders., *Vergangene Zukunft. Zur Semantik geschichtlicher Zeiten.* Frankfurt/Main 1989, S. 349–375.

Osterhammel, Jürgen: *Die Verwandlung der Welt. Eine Geschichte des 19. Jahrhunderts.* München 2016.

Petko, Dominik: *Einführung in die Mediendidaktik. Lehren und Lernen in digitalen Medien.* Weinheim 2014.

Prensky, Marc: Digital Natives, Digital Immigrants. In: *On the horizon* 9,5 (2001) S. 1–6.

Wampfler, Philipp: Bitte verzichtet auf den Begriff „digital natives"! In: *Schule Social Media* (12. August 2014), Online: https://schulesocialmedia.com/2014/08/12/bitte-verzichtet-auf-den-begriff-digital-natives/ [abgerufen: 6. Juni 2019].

Verzeichnis der Autorinnen und Autoren

Angelika Beranek | ist Professorin und Studiendekanin an der Hochschule München mit dem Schwerpunkt Medienbildung. Sie beschäftigt sich mit den Auswirkungen der Digitalisierung auf die Theorie und Praxis der Sozialen Arbeit. Zuletzt hat sie als Mitherausgeberin den Sammelband „Big Data, Facebook, Twitter und Co. und Soziale Arbeit" herausgebracht. [@a_beranek]

Juliane Besters-Dilger | ist Prorektorin für Studium und Lehre an der Albert-Ludwigs-Universität Freiburg und unter anderem zuständig für Lehrentwicklung und Hochschuldidaktik. Sie ist ferner verantwortlich für Exzellenz und Qualitätsmanagement in der Lehre.

Marko Demantowsky | ist Professor für Neuere/Neueste Geschichte und ihre Didaktik an der Pädagogischen Hochschule FHNW (Leiter der Professur für die Didaktik der Gesellschaftswissenschaften und ihre Disziplinen) und Mitglied des Instituts für Bildungswissenschaften der Universität Basel. #DKMMZ19-Team. [@mdemantowsky]

Thomas Grob | ist Vizerektor Lehre an der Universität Basel. Er ist seit 2009 Professor für Slawische und Allgemeine Literaturwissenschaft an der Universität Basel. Er ist unter anderem für die Hochschuldidaktik zuständig.

Sarah Genner | ist Medienwissenschaftlerin und Dozentin an verschiedenen Schweizer Hochschulen. Sie war Gastforscherin am Berkman Klein Center for Internet and Society der Harvard University. Ihre Dissertation zum mobilen Internet wurde mit dem Mercator-Award der Universität Zürich ausgezeichnet. [@sgenner]

Jürgen Hermes | ist Geschäftsführer des Instituts für Digital Humanities an der Universität zu Köln und dort zuständig für die Konzeption und Betreuung der Studiengänge, die Studierende ausbilden, digitale Methoden und Werkzeugen zur Anwendung auf geisteswissenschaftliche Daten und Fragestellungen zu entwickeln. Schlechter Visionär, besserer Verbinder. Bloggt TEXperimenTales. [@spinfocl]

Ute Kalender | war Postdoc in den Kultur- und Genderwissenschaften an der Humboldt-Universität Berlin und assoziiert im Graduiertenkolleg „Geschlecht als Wissenskategorie". Ihr letztes ethnografisches Forschungsprojekt untersuchte affektive Arbeit in Daten-Zentren der derzeit größten deutschen Big-Data-Gesundheitsstudie. In ihrem aktuellen Forschungsprojekt untersucht sie zusammen mit Aljoscha Weskott Verständnisse von Digitalität und digitaler Geschlechtergerechtigkeit in feministischen sozialen Bewegungen. Sie ist wissenschaftliche Mitarbeiterin in der Sozialmedizin der Charité. [@kalendeu]

Christoph Kappes | befasst sich seit über 20 Jahren mit der Digitalisierung, immer schon mit wirtschaftlichen und technisch-konzeptionellen, seit einigen Jahren auch mit gesellschaftlichen Fragen. Er war Gründer und Geschäftsführer der heutigen Pixelpark Agentur Hamburg GmbH. Seit 2008 ist er Geschäftsführer im Beratungsgeschäft Fructus GmbH. [@ChristophKappes]

Björn Klein | ist Historiker und war Lehrbeauftrager an der Universität zu Köln. Er wurde an der Georg-August-Universität Göttingen promoviert und war Mitglied und Sprecher am dortigen Graduiertenkolleg „Dynamiken von Raum und Geschlecht". Er arbeitet zu Trans- und Intersektionalität, Nordamerikanischer Geschichte, Geschlechtergeschichte und digitaler Bildung. Seit 2018 ist er wissenschaftlicher Mitarbeiter an der Pädagogischen Hochschule FHNW. [@john_doneson]

Gerhard Lauer | ist Literaturwissenschaftler und Professor für Digital Humanities an der Universität Basel. Er ist Mitglied der Akademie der Wissenschaften zu Göttingen, Mitgründer des Journal of Literary Theory und Mitherausgeber des Zeitschrift Scientific Study of Literature. #DKMMZ19-Team. [@GerhardLauer]

Dejan Mihajlović | setzt sich mit der Bildung von morgen auseinander und möchte sie heute schon denken. Er ist Chemie-, Geschichts-, Mathe- und Ethiklehrer; Multiplikator der „Fortbildungsoffensive Digitalisierung" an allgemeinbindenden und beruflichen Schulen beim Kultusministerium Baden-Württemberg und netzpolitisch bei „D64 – Zentrum für digitalen Fortschritt" zuhause. [@DejanFreiburg]

Christian Montag | ist Heisenberg-Professor für Molekulare Psychologie in Ulm sowie Professor an der University of Electronic Science and

Technology of China in Chengdu, China. Er forscht unter anderem zu Psychoinformatik und hier insbesondere zum Einfluss von Internet, Mobiltelefonen, Computerspielen auf Emotionalität, Persönlichkeit und Gesellschaft. [@ChrisMontag77]

Kathrin Passig | ist Journalistin und Sachbuchautorin, zuletzt von „Handbuch für Zeitreisende: Von den Dinosauriern bis zum Fall der Mauer" (Rowohlt Berlin, zusammen mit Aleks Scholz). Gemeinsam mit einigen hundert Autorinnen und Autoren berichtet sie im Blog „Techniktagebuch" (https://techniktagebuch.tumblr.com/) über Alltagstechnik und deren Veränderungen. [@kathrinpassig]

Robin Schmidt | ist seit 2001 Leiter der Forschungsstelle Kulturimpuls und arbeitet derzeit am Projekt „Menschlichkeit der Digitalmoderne". Seit 2016 ist er auch wissenschaftlicher Mitarbeiter an der Pädagogischen Hochschule der FHNW mit einem Forschungsprojekt zu Lehren und Lernen im Digitalen Wandel. #DKMMZ19-Team. [@_robinschmidt]

Monika Stiller Thoms | ist Lehrerin für Deutsch und setzt sich schwerpunktmässig mit digitalen Medien und Theaterpädagogik in der Schule auseinander. Sie sammelt auf ihrem Blog „Digitale Chancen" Methoden und Materialien zu digitalen Themen im Deutschunterricht der Sekundarstufe II. [@ichbinstiller]

Philippe Wampfler | ist Lehrer, Fachdidaktiker, Kulturwissenschaftler und Experte für Lernen mit Neuen Medien. Sein zuletzt erschienenes Buch heißt „Schwimmen lernen im digitalen Chaos". Der Fokus seiner Arbeit liegt auf den Entwicklungsmöglichkeiten gymnasialer Bildung unter den Bedingungen der Digitalisierung. [@phwampfler]

Marina Weisband | ist Autorin, Künstlerin, Projektleiterin, Psychologin und Beraterin zu netzpolitischen Fragen. Ihr 2013 erschienenes Buch trägt den Titel „Wir nennen es Politik, Ideen für eine zeitgemäße Demokratie". Sie hat sich in unterschiedlichsten Kontexten mit (Schul-) Bildung auseinandergesetzt, unter anderem leitete sie 2014 das von der Bundeszentrale für politische Bildung geförderte Projekt „Aula – Schule gemeinsam gestalten". [@afelia]

Bert Theodor te Wildt | ist Facharzt für Psychiatrie und Psychotherapie. Er ist Chefarzt der Psychosomatischen Klinik Dießen. Zuvor leitete er die

Ambulanz der LWL-Universitätsklinik für Psychosomatische Medizin und Psychotherapie an der Ruhr-Universität Bochum, wo er im Oktober 2012 die Medienambulanz mit der Sprechstunde für Menschen mit Internet- und Computerspielabhängigkeit begründete. Sein jüngstes Buch trägt den Titel „Digital Junkies – Internetabhängigkeit und ihre Folgen für uns und unsere Kinder". #DKMMZ19-Team. [@berttewildt]

Abbildungsverzeichnis

www.ingramcontent.com/pod-product-compliance
Lightning Source LLC
Chambersburg PA
CBHW031238050326
40690CB00007B/856